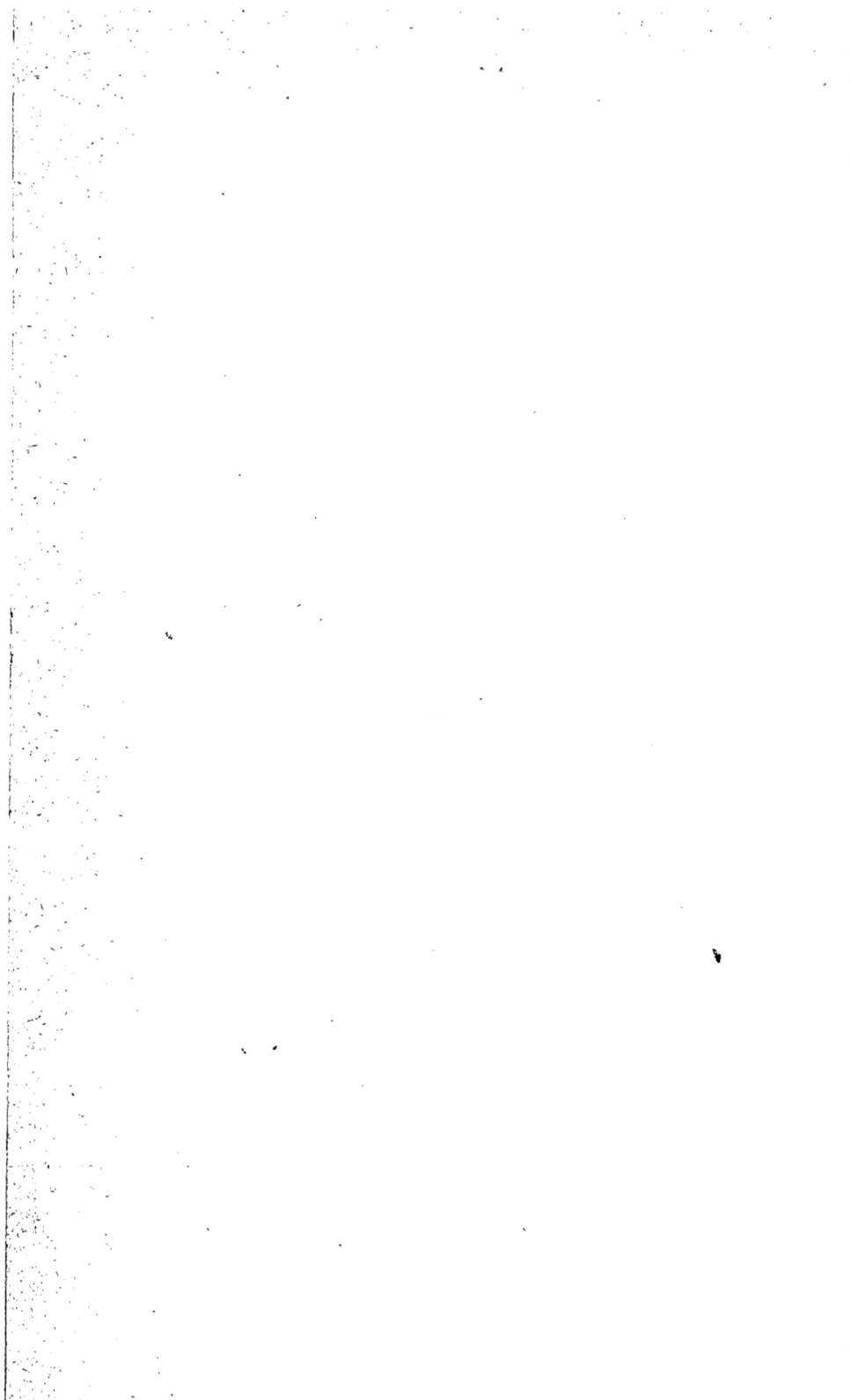

PRINCIPES D'ANATOMIE

ET DE

PHYSIOLOGIE

Lieutenant-Colonel CHANDEZON

DU 126ᵉ RÉGIMENT D'INFANTERIE

EX-COMMANDANT DE L'ÉCOLE NORMALE DE GYMNASTIQUE ET D'ESCRIME

PRINCIPES D'ANATOMIE

ET DE

PHYSIOLOGIE

APPLIQUÉS A

L'ÉTUDE DU MOUVEMENT

« L'anatomie a besoin d'être vue plutôt que lue. Elle doit parler aux yeux ; il lui faut des planches et plus de crayon que de plume.

» CHASSAGNE et DESBROUSSES. »

PARIS

HENRI CHARLES-LAVAUZELLE

Éditeur militaire

10, Rue Danton, Boulevard Saint-Germain, 118

(MÊME MAISON A LIMOGES)

OUVRAGES CONSULTÉS

Poirier et Charpy, *Traité d'Anatomie humaine.*

Ph.-C. Sappey, *Anatomie descriptive.*

Van Gehuchten, *Anatomie du Système nerveux de l'homme.*

Chassagne et Desbrousses, *Guide médical pratique de l'Officier.*

Dr Roblot, *Principes d'Anatomie et de Physiologie appliqués à la gymnastique.*

Dr Van Gelder, *Principes d'Anatomie et de Physiologie.*

Dr Dufuy, *Le Mouvement et les Exercices physiques.*

Dr Ricque, *Traité élémentaire d'Anatomie et de Physiologie appliqués à la gymnastique.*

Duchenne (de Boulogne), *Physiologie des Mouvements.*

Mathias Duval, *Cours de Physiologie.*

E. Hédon, *Précis de Physiologie.*

Dr Saffray, *Eléments usuels des sciences physiques et naturelles.*

Lieutenant-colonel Docx, *Guide officiel de l'Enseignement de la Gymnastique en Belgique.*

E. Deyrolle, *Planches d'enseignement anatomique et physiologique.*

PRINCIPES D'ANATOMIE

PHYSIOLOGIE

DE LA MACHINE HUMAINE

Les *os* constituent la charpente humaine.

L'assemblage de tous les os du corps forme ce que l'on appelle le *squelette*.

Les parties par lesquelles les pièces du squelette s'unissent les unes aux autres constituent les *articulations*.

Les os, organes essentiellement passifs, sont mis en mouvement par les *muscles*, masses charnues qui les recouvrent et qui jouissent de la propriété de se contracter.

Le tout est recouvert par la *peau*, qui constitue l'enveloppe extérieure du corps.

Pour que les muscles se contractent, il est indispensable qu'une certaine force les excite : cette force vient du *système nerveux* (cerveau, cervelet, moelle épinière, nerfs, etc.).

Pour que le corps vive, il faut qu'il se nourrisse: *organes d'alimentation*.

Les aliments qui lui sont nécessaires sont de deux sortes :

1° Les aliments proprement dits, recueillis et convenablement tranformés par l'*appareil de digestion* (estomac, intestin, foie, pancréas, etc.);

2° L'oxygène, distribué par l'*appareil de la respiration* (trachée, poumons, bronches).

Un liquide spécial, le sang, transporte dans tout le corps les aliments assimilés, ainsi que l'oxygène et entraîne, pour les faire rejeter à l'extérieur, les déchets de l'organisme. Ce travail s'opère à l'aide de *l'appareil circulatoire* (cœur, artères, capillaires, veines, lymphatiques).

Enfin les déchets de l'organisme sont rejetés à l'extérieur au moyen des *sécrétions* (urinaire, sudorale, etc.).

Tableau donnant une idée d'ensemble de la machine humaine.

Leviers	Squelette (os).
Ajustage ou assemblage	Articulations, ligaments.
Organes moteurs.	Muscles (locomotion).
Organes de mise en marche	Système nerveux (volonté).
Organes d'alimentation... A..	Appareil digestif (estomac, intestin, foie, pancréas).
B..	Appareil respiratoire (poumons, etc...).
Générateur.	Appareil circulatoire.
Organes de condensation et de purge.	Sécrétions, excrétions, sueurs, urines.
Combustible	Aliments.
Rendement.	Travail.

SQUELETTE

(Planche I hors texte).

———

Le squelette peut être divisé en quatre parties :

    a) La tête;
    b) Le tronc;
    c) Le membre supérieur;
    d) Le membre inférieur.

Nous nous bornerons à énumérer les os principaux de chacune de ces parties.

TÊTE

La tête se divise en crâne et face.

Les principaux os du crâne visibles à l'extérieur sont :

    Le *frontal;*
    L'*occipital;*
    Les *pariétaux;*
    Les *temporaux,*

et ceux de la face :

    Le *maxillaire supérieur;*
    Le *maxillaire inférieur.*

TRONC

Le tronc est formé par :

    La *colonne vertébrale;*
    Les *côtes;*
    Le *sternum.*

MEMBRE SUPÉRIEUR

Le membre supérieur se compose :

De l'épaule dont les os sont :

L'*omoplate;*
La *clavicule;*
Du bras (un os) :
L'*humérus;*
De l'avant-bras (deux os) :
Le *cubitus;*
Le *radius;*
De la main (vingt-sept os) :
Le *carpe* (huit os);
Le *métacarpe* (cinq os);
Les *doigts* (quatorze os);

MEMBRE INFÉRIEUR

Le membre inférieur se compose :
Du bassin, qui comprend :
Les *os iliaques;*
De la cuisse (un os) :
Le *fémur;*
De la jambe (deux os) :
Le *tibia;*
Le *péroné;*
Du pied :
Le *tarse* (sept os);
Le *métatarse* (cinq os);
Les *orteils* (quatorze os);
Nous citerons encore deux os :
L'un situé dans le cou, l'*os hyoïde;*
L'autre en avant du fémur, la *rotule.*

Il est facile de remarquer dès maintenant l'homologie qui existe entre les os du membre supérieur et ceux du membre inférieur; le tableau suivant les fait ressortir :

PARTIE FIXE.	PARTIE MOBILE.		
	1ᵉʳ segment.	2ᵉ segment.	3ᵉ segment.

			Membre supérieur ou thoracique.		

| Épaule (2 os). | Clavicule et omoplate. | Bras (1 os) Humérus | Avant-bras (2 os). Radius. Cubitus. | Main : 3 parties. Carpe — 7 os (sans le pisiforme). Métacarpe — 5 os. Doigts — 3 phalanges, sauf le pouce. |

Membre inférieur ou abdominal.

| Bassin (1 os.) | Os iliaque. | Cuisse (1 os). Fémur. | Jambe (2 os). Tibia. Péroné. | Pied : 3 parties. Tarse — 7 os. Métatarse — 5 os. Orteils — 3 phalanges, sauf le gros orteil. |

Observation générale.

Tous les termes relatifs à la position des os sur le squelette doivent être compris l'homme debout à la position du soldat sans arme.

Généralités sur les os.

Les *os* sont des pièces dures, rigides, qui constituent, sous le nom de *squelette*, la charpente du corps (*Pl. 1.*).

D'une façon générale, ils sont percés d'un canal contenant la moelle; ils sont entourés d'une membrane fibreuse appelée *périoste.*

Tête.

CRANE

Le *crâne* est formé par la réunion de plusieurs *os plats:*

s'il n'était formé que d'un seul os, il serait moins résistant
aux chocs.

Ces os sont *engrenés* (fig. 1) et prennent appui les uns
sur les autres; ils s'enfoncent dès lors plus difficilement.

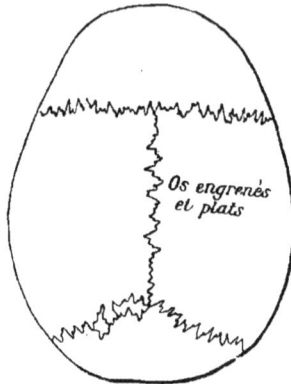

FIG. 1. — Crâne (face supérieure).   FIG. 2. Boîte cranienne.

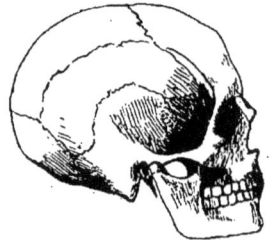

Ils forment par leur assemblage la *boîte cranienne* (fig. 2),
qui contient et protège l'*encéphale* (1).

FACE

La *face* contient les organes de la *vue*, de l'*odorat* et du
goût.

Tronc.

COLONNE VERTÉBRALE

La *colonne vertébrale* ou *rachis* (mot grec, signifiant *épine*)
est une tige longue et flexible composée de petits os ou
vertèbres, superposées et séparées par des rondelles élastiques (fig. 3 et 3 *bis*).

---

(1) Nom collectif de toute la masse nerveuse renfermée dans le crâne
(cerveau, cervelet, protubérance et bulbe).

Elle comprend en outre cinq vertèbres soudées formant
le *sacrum* et quelques vertèbres atrophiées formant le *coccyx*.

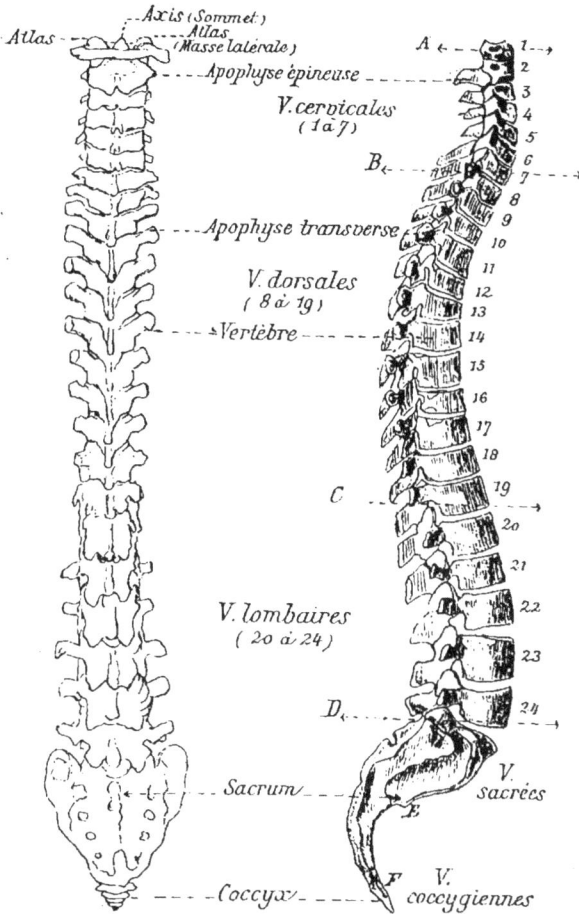

Fig. 3. — Colonne vertébrale (vue postérieure).   Fig. 3 *bis.* — Colonne vertébrale (vue latérale).

Elle a la forme d'un S et, suivant la place qu'elles occu-
p·nt, ses vertèbres sont dites *cervicales* (du cou, A B), *dorsales* (du dos, B C), *lombaires* (des lombes ou des reins, C D),
sacrées (du sacrum, E), *coccygiennes* (du coccyx, F) (fig. 3
et 3 *bis*).

L'arc vertébral donne naissance à un certain nombre de

prolongements ou *apophyses*, parmi lesquelles nous citeron
les *apophyses épineuses* (A à D) et les *apophyses transverse*
(B à D).

Les deux premières vertèbres sont particulièrement remar
quables :

La 1re, l'*atlas* (fig. 4) soutient la tête;

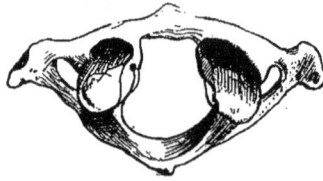

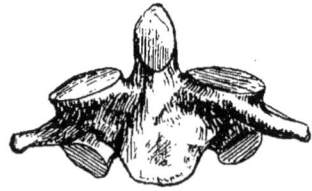

FIG. 4. — Atlas.   FIG. 5. — Axis.

La 2e, l'*axis* (d'axe) (fig. 5) est surmontée d'une sorte d
dent autour de laquelle la tête tourne.

La subdivision de la colonne vertébrale atténue les chocs

La colonne jouit de la propriété de s'allonger légèremen
(sous l'influence de la traction), ou de se tasser (très longue
marches).

Elle est creuse et flexible et renferme la *moelle épinière*.

CÔTES

Les *côtes* (fig. 6), au nombre de douze de chaque côté, s
relient en arrière à la colonne vertébrale (région dorsale
avec laquelle elles s'articulent; elles se relient en avant a
sternum par une partie cartilagineuse soit directement, soi
par l'intermédiaire des autres (les cinq avant-dernières), ;
l'exception des deux dernières, qui pour ce motif sont dite
flottantes.

Elles forment avec la colonne vertébrale et le sternum c
que l'on appelle la *cage thoracique*; c'est cette cage qui con
tient et protège les organes si importants de la circulation
et de la respiration. Elle présente la propriété de pouvoi
se dilater dans tous ses diamètres.

STERNUM

Cet os, situé en avant du thorax, unit les dix premières

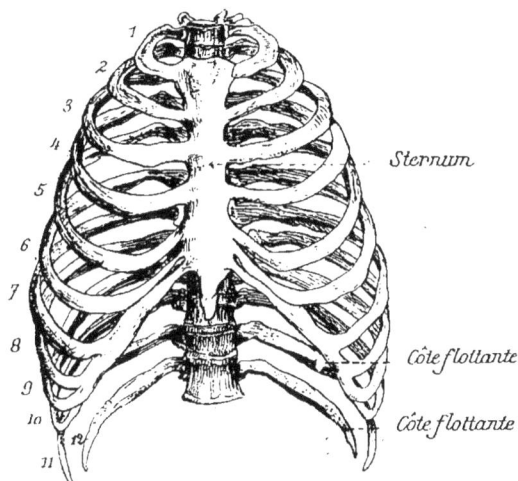

Fig. 6. — Cage thoracique.

côtes en avant; son extrémité inférieure correspond au creux de l'estomac (fig. 6).

Membre supérieur.

ÉPAULE

L'épaule est composée de deux os : la *clavicule* et l'*omoplate*.

Clavicule (fig. 7). Ainsi nommée parce qu'elle affecte la

Fig. 7. — Clavicule gauche (face supérieure).

forme d'une clef antique, qui consistait en un simple loquet.
Les deux clavicules maintiennent les épaules écartées et

jouent un très grand rôle dans les mouvements des bras; lorsqu'une clavicule est brisée, notamment, le blessé ne peut pas porter la main à la tête.

Omoplate (fig. 8). Os plat et triangulaire, s'appliquant

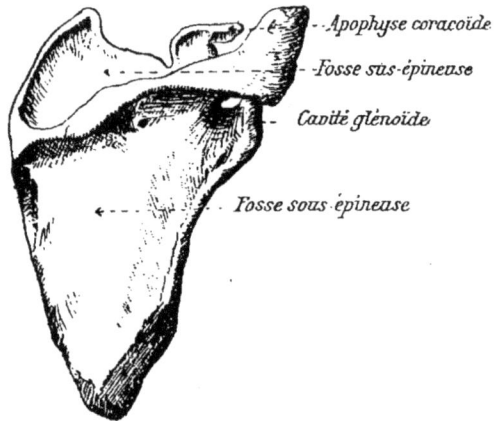

Fic. 8. — Omoplate droite (face postérieure).

comme une sorte de bouclier sur la partie postérieure du thorax; on y distingue, entre autres particularités, l'*apophyse coracoïde*, la *cavité glénoïde*, la *fosse sous-épineuse* et la *fosse sus-épineuse*.

BRAS

Le bras ne comprend qu'un seul os : l'*humérus* (fig. 9). Cet os présente à sa partie supérieure une *tête* qui s'articule avec l'omoplate et à sa partie inférieure une surface compliquée qui s'articule avec le radius en dehors et le cubitus en dedans.

On remarque, à la partie supérieure de l'humérus, la *grosse tubérosité* et la *gouttière* (ou *coulisse bicipitale*); à la partie inférieure, l'*épicondyle* (ou tubérosité externe) et l'*épithroclée* ou tubérosité interne.

La surface arrondie de la tête de l'humérus permet au bras d'effectuer toutes sortes de mouvements.

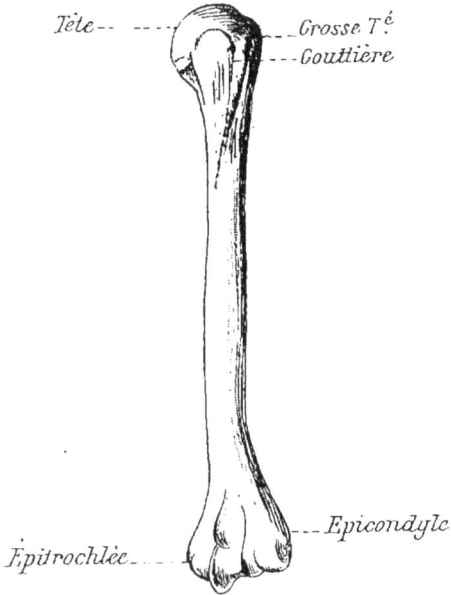

Tête _ _Grosse T.ᵉ
_ _ _Gouttière
_ _ _Epicondyle
Epitrochlée _ _ _

Fɪɢ. 9. — Humérus gauche.

AVANT-BRAS

L'avant-bras est formé de deux os : le *radius* et le *cubitus*, articulés ensemble à leurs deux extrémités (fig. 10).

Radius (rayon, parce que dans certains mouvements il tourne en rayon de roue autour du cubitus). Son extrémité supérieure s'articule avec l'humérus et le cubitus, son extrémité inférieure avec les os du carpe et le cubitus.

Cubitus (cubitus, coude, parce qu'il forme la saillie osseuse du coude). Son extrémité supérieure s'articule avec l'humérus et le radius, son extrémité inférieure avec le carpe et le radius.

ᴍᴀɪɴ (fig. 11 et 12).

La main se divise en *carpe, métacarpe* et *doigts*.

Carpe (ou poignet). Fait suite à l'avant-bras; il comprend deux rangées de quatre os chacune.

Princ. d'anat. 2

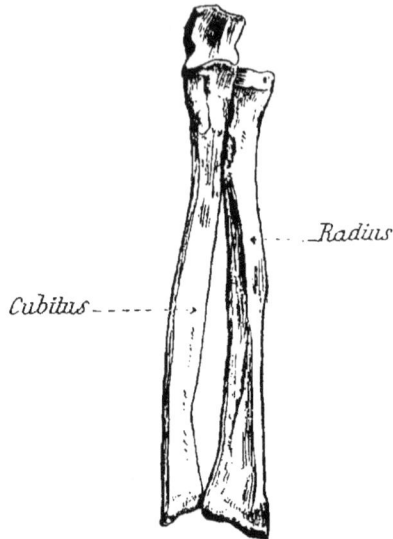

FIG. 10. — Cubitus et radius gauches (face antérieure).

Métacarpe (squelette de la paume de la main en avant et du dos de la main en arrière). Formé par cinq os dits métacarpiens, un par doigt.

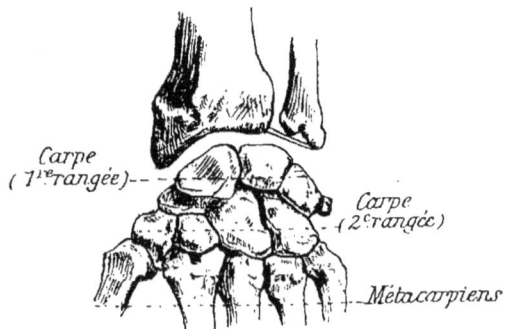

FIG. 11. — Os du carpe (face dorsale).

Doigts. Sont formés de trois os bout à bout, dits *phalanges, phalangines* et *phalangettes.* Le pouce n'a pas de phalange.

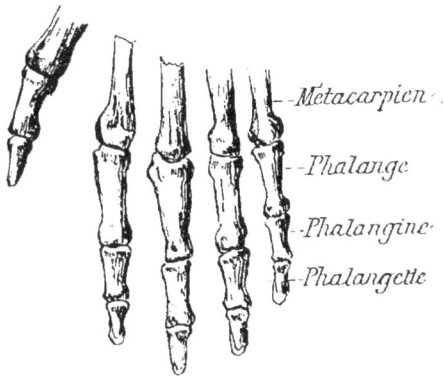

Fig. 12. — Main gauche (face dorsale).

Membre inférieur.

PASSIN

Le bassin est une grande cavité formée par les deux os *iliaques*, le *sacrum* et le *coccyx* (fig. 13).

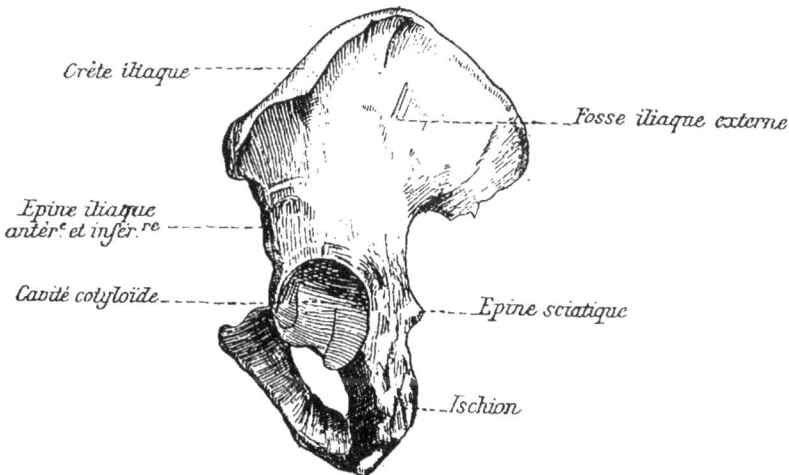

Fig. 13. — Os iliaque gauche.

Os iliaques (ou os de la hanche). Ces os, au nombre de deux, sont larges et très irréguliers.

L'os iliaque présente à sa partie inférieure une cavité dite *cotyloïde* qui reçoit la tête du fémur. Les bords supérieurs des os iliaques, appelés *crêtes iliaques*, forment une saillie très prononcée appelée *hanche* (fig. 13).

On remarque encore : l'*épine iliaque antérieure* et *inférieure*, la *fosse iliaque externe*, l'*ischion*, sa *tubérosité*, l'*épine sciatique*, l'*articulation* (symphise) des *pubis*, etc. (fig. 13 et 14).

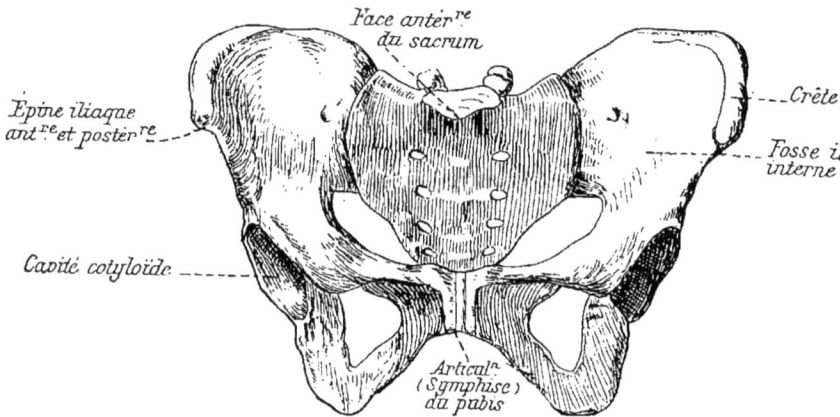

FIG. 14. — Bassin.

Sacrum (fig. 3). Ainsi nommé du mot *sacrum*, sacré, parce que c'était la partie que les prêtres d'autrefois sacrifiaient aux dieux.

Coccyx (fig. 3). Fait suite au sacrum; son nom signifie *queue;* c'est son prolongement qui fait la queue chez les animaux.

CUISSE

La cuisse est composée d'un seul os : le *fémur;* c'est le plus volumineux des os longs du corps (fig. 15).

A sa partie supérieure se trouve la *tête* du fémur qui s'articule dans le logement de l'os iliaque; à sa partie inférieure, une *poulie* ou *trochlée* s'articule avec la rotule.

Les gorges de la trochlée se prolongent par deux saillies arrondies ou *condyles*, en rapport avec le tibia.

On remarque encore le *grand trochanter*, la *ligne âpre*,

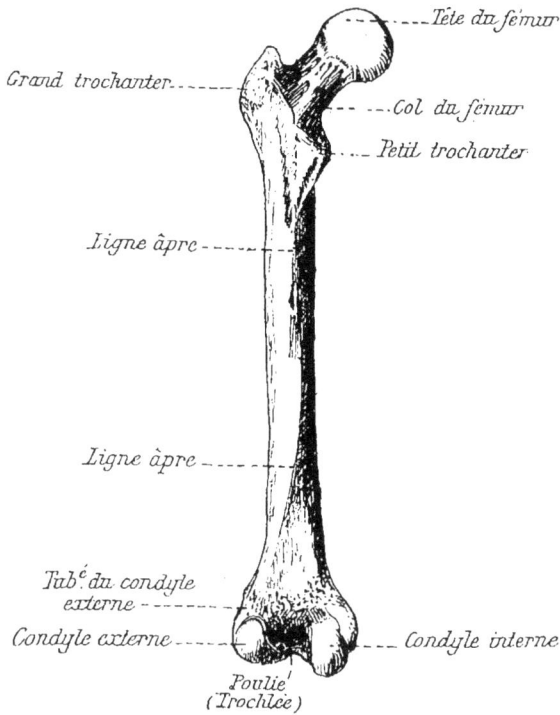

FIG. 15. — Fémur (vue postérieure).

la *tubérosité du condyle externe*, le *petit trochanter*, etc.
(fig. 15).

JAMBE

La jambe est formée de deux os longs : le *tibia* et le *pé-roné* (fig. 16).

Tibia (de *tibia*, mot latin qui veut dire flûte; les anciens fabriquaient, en effet, cet instrument avec cet os de la jambe du cerf ou de l'âne). Cet os est situé à la partie interne de la jambe; en dedans, à sa partie inférieure, est une saillie osseuse qui forme la *malléole interne*.

On distingue encore la *tubérosité antérieure du tibia*, l'*épine du tibia*, la *crête du tibia*, etc. (fig. 16).

Péroné. Beaucoup plus mince que le tibia, os long situé

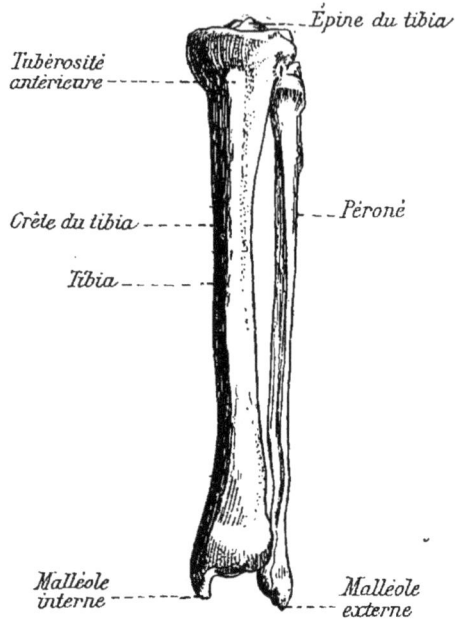

Épine du tibia

Tubérosité antérieure

Crête du tibia

Péroné

Tibia

Malléole interne

Malléole externe

FIG. 16. — Tibia et péroné (face antérieure).

à la partie externe de la jambe. L'extrémité inférieure forme la *malléole externe* (fig. 16).

PIED

Le pied se divise en trois parties : *tarse*, *métatarse* et *orteils* (doigts de pied) (fig. 17).

Tarse. Composé de sept os parmi lesquels on remarque l'*astragale*, le *calcaneum* (mot latin qui signifie talon), le *scaphoïde*, etc.

Le tarse est creusé inférieurement en forme de voûte (voûte plantaire). C'est à la face postérieure du calcaneum que vient s'attacher le *tendon d'Achille*.

Métatarse. Se compose de cinq métatarsiens, un par orteil.

Le mouvement d'opposition du pouce qui existe dans la main n'existe pas au pied.

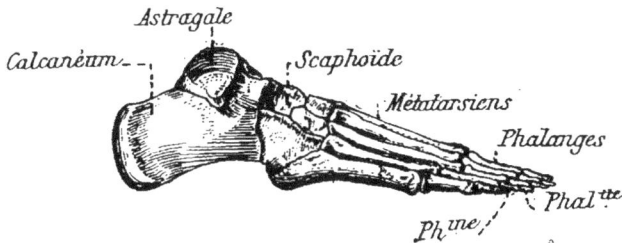

Fig. 17. — Pied droit (face externe).

Orteils (doigts du pied). Comprennent des *phalanges*, des *phalangines* et des *phalangettes* (fig. 17).

OS HYOÏDE

L'*os hyoïde* est un petit os n'ayant avec le squelette aucune

Fig. 18. — Os hyoïde.

connexion directe; il est placé horizontalement entre la base de la langue et le larynx. Il a la forme d'un fer à cheval.

ROTULE

La *rotule* est un os situé en avant du genou; elle a la forme d'un petit disque.

Fig. 19. — Rotule.

Lorsque la jambe est étendue, le pied posant à terre, la rotule peut être facilement déplacée à droite et à gauche.

RÉSUMÉ DU SQUELETTE

La charpente humaine est constituée par les os, qui forment le squelette.

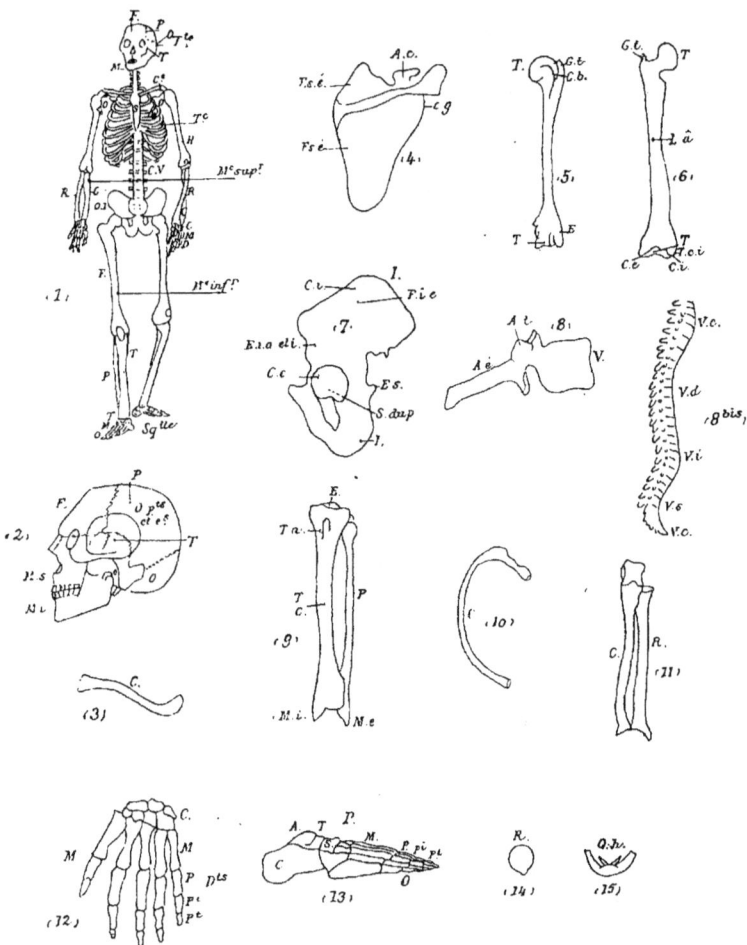

Schémas des différentes parties du squelette.

Ces os sont unis par les *articulations*. — Ils sont mis en mouvement par les *muscles*.

La *peau* recouvre le tout.

Les muscles se contractent, s'excitent sous l'influence du système nerveux. Le corps se nourrit à l'aide des *organes d'alimentation*. — Les aliments sont recueillis, transformés par *l'appareil de digestion* (nourriture) ou distribués par *l'appareil de la respiration* (oxygène); ils sont transportés, ainsi transformés ou reçus, par *l'appareil circulatoire* au moyen du sang.

Enfin après assimilation, les déchets sont expulsés au moyen des *excrétions* ou *sécrétions*.

Le *squelette* (1) se divise en quatre parties : 1° Tête; 2° tronc; 3° membre supérieur; 4° membre inférieur.

La *tête* (2) comprend essentiellement à l'extérieur : le *frontal*, l'*occipital*, les *pariétaux*, les *temporaux*, les *maxillaires*.

Le *tronc* (1) : *Colonne vertébrale*, *côtes* et *sternum*.

Le *membre supérieur* : *Omoplate* (4), *clavicule* (3), formant l'épaule; *humérus* (5), formant le bras; *cubitus* et *radius* (11), formant l'avant-bras; le *carpe*, le *métacarpe* et les *doigts*, formant la main (12).

Le *membre inférieur* : *os iliaques* (7), formant le bassin; *fémur* (6), formant la cuisse; *tibia* et *péroné* (9), formant la jambe; le *tarse*, le *métatarse* et les *orteils*, formant le pied (13).

Grande homologie entre les os du membre supérieur et ceux du membre inférieur.

Les *os* sont percés d'un canal et entourés par le *périoste*; les os du crâne sont plats et *engrenés* (2).

La *colonne vertébrale* (8 et 8 *bis*) est formée de *vertèbres cervicales, dorsales, lombaires, sacrées* et *coccygiennes;* on y remarque le *canal rachidien*, contenant la *moelle épinière*, les *apophyses épineuses* et les *apophyses transverses*. Les deux premières vertèbres sont dites *atlas* et *axis*. — Cage thoracique formée par douze côtes de chaque côté dont deux flottantes (1) et par *sternum* (1) : peut se dilater dans tous ses diamètres. — Sternum unit les dix premières côtes.

L'*omoplate* (4), derrière le thorax, formant bouclier, sur laquelle on remarque *fosses sous* et *sus-épineuses; apophyse coracoïde* et *cavité glénoïde*, etc.

Humérus (5) sur lequel on remarque : *tête, grosse tubérosité, épithroclée, épicondyle, coulisse bicipitale*, etc.

Radius et *cubitus* (11), articulés ensemble à leurs deux extrémités.

Carpe (12), formé par huit petits os; *métacarpe*, formé par cinq petits os; *doigts* formés de *phalanges, phalangines, phalangettes* (13).

Bassin, formé par les deux *iliaques* (7) : le *sacrum* et le *coccyx*.

Os iliaques (7) ou *os de la hanche* : on y remarque la *cavité cotyloïde*, les *crêtes iliaques*, l'*épine iliaque antérieure* et *inférieure;* la *fosse iliaque externe*, l'*ischion*, l'*épine sciatique*, la *symphise du pubis*, etc.

Sacrum, du mot « sacré ». — *Coccyx*, qui veut dire queue.

Fémur (6). — On y remarque la *tête*, la *throclée*, les *condyles*, le *grand trochanter*, la *ligne âpre*, la *tubérosité du condyle externe*, etc...

Tibia (2). On y distingue : la *malléole interne*, la *tubérosité antérieure*, l'*épine*, la *crête*, etc...

Péroné (9). On y distingue la *malléole externe*.

Le *pied* comprend le *tarse*, le *métatarse*, les *orteils* (13).

Tarse, sept os; on y remarque l'*astragale*, le *calcanéum*, le *scaphoïde*, etc... (13).

Métatarse : cinq petits os. *Orteils*, comprenant les *phalanges, phalangines* et *phalangettes* (13).

Autres os remarquables : *Os hyoïde*, entre la langue et le larynx (15); *rotule*, en avant du genou (14).

ARTICULATIONS

On appelle ARTICULATION le mode d'union des divers o.
entre eux.

Suivant leur but et le degré de mobilité des os qu'elle:
unissent elles se divisent en :

Sutures ou *articulations fixes*, destinées à unir des os tou
à fait fixes, comme les os du crâne, par exemple;

Symphises ou *articulations semi-mobiles*, ne permettan
que des mouvements très limités (symphises des pubis, arti
culations des corps vertébraux);

Diarthroses ou *articulations mobiles* (fig. 19 *bis*), permet

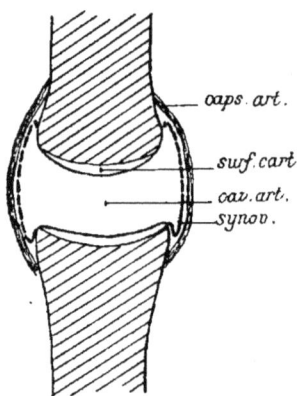

FIG. 19 *bis*. — Coupe schématique d'une diarthrose.

tant les mouvements les plus étendus (articulations de la
jambe, de l'épaule, de la hanche, etc., etc.).

Les dernières attireront principalement notre attention :

Tous les mouvements des *diarthroses* peuvent se rattacher
à quatre modes principaux : *opposition, circumduction, rotation, glissement.*

1° Mouvement d'*opposition*, un des plus répandus comprenant :

a) *Flexion*, d'arrière en avant; *extension*, d'avant en arrière. — L'os le plus mobile se fléchit et s'étend tour à tour;

b) *Adduction*, de dehors en dedans; *abduction*, de dedans en dehors. — L'os se rapproche et s'éloigne tour à tour du plan médian.

2° Mouvement de *circumduction*, combinaison des mouvements précédents et dans laquelle l'os décrit une sorte de cône dont le sommet est à l'articulation et la base à l'extrémité opposée (*mouvement en fronde*).

3° Mouvement de *rotation*, dans lequel l'os tourne autour de son axe longitudinal. Quand la face antérieure du membre correspondant regarde la ligne médiane, la rotation est dite *interne* : elle se fait *en dedans*. Quand la face antérieure du membre regarde du côté opposé, la rotation est dite *externe* : elle se fait *en dehors*.

4° Mouvement de *glissement*. — Le glissement est un mouvement propre à toutes les diarthroses; en effet, dans les mouvements précédents, les surfaces articulaires glissent les unes sur les autres, mais un grand nombre d'articulations ne possèdent que ce mouvement par lequel l'un des os ou tous les deux se portent en sens opposé, mais dans d'étroites limites (*arthrodies*).

Éléments constitutifs des articulations.

Les surfaces osseuses qui entrent en contact dans une articulation sont revêtues d'une couche élastique à surface parfaitement polie (*cartilage articulaire*).

Chez les vieillards, l'*élasticité* et le *poli* disparaissent; d'où les frottements; elle disparaît aussi chez ceux qui ne font pas d'exercice.

Le contact des deux surfaces articulaires n'est jamais total, mais tangentiel; autrement dit, le contact ne se fait pas par des surfaces, mais par un point. Les articulations sont donc disposées pour que le *démarrage* soit aussi facile que possible (comme dans les frottements à billes).

Ligaments (fig. 19 *ter*). — La permanence du contact est

assurée par des liens actifs, *muscles*, dont nous parlerons plus loin et par des liens passifs : les *ligaments*. Ces ligaments, inextensibles, n'interviennent que temporairement pour limiter les mouvements et les régler; ils sont de la plus haute importance; leur distension est douloureuse : si elle est vive, elle constitue l'entorse (1).

Synoviales (fig. 19 *ter*). — Les surfaces articulaires sont

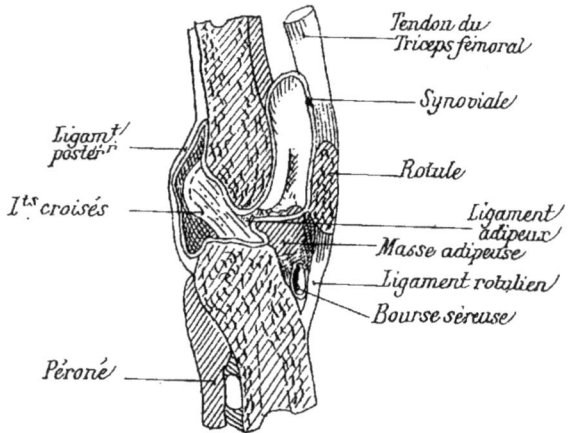

Fıc. 19 *ter*. — Coupe de l'articulation du genou.

entourées d'une poche située au-dessous des ligaments; c'est la *synoviale*, qui fournit une substance lubrifiante pour les cartilages, analogue à l'huile des machines; il ne faudrait pas croire que la poche articulaire contienne beaucoup de *synovie* : elle est seulement humectée.

Le tableau suivant fait ressortir les mouvements possibles en tenant compte de la résistance qu'opposent les saillies osseuses et les ligaments articulaires.

----

(1) Il convient d'ajouter que la pression atmosphérique contribue aussi parfaitement à maintenir certaines surfaces articulaires en contact. (Exemples : *Articulation de la hanche, des phalanges*.)

MOUVEMENT GÉNÉRAL OU D'UNITÉ.	ARTICULATION.	DÉTAIL DES MOUVEMENTS QU'ELLES PERMETTENT.
Mouvements de la colonne vertébrale en général (général).	Articulation des vertèbres entre elles.	Flexion, extension, flexion latérale, rotation, circumduction.
Mouvements de la tête sur la colonne (général).	Articulation de la colonne avec la tête.	Flexion, extension, flexion latérale, rotation, circumduction.
Mouvements de totalité de l'épaule (général).	Articulation de l'épaule avec le tronc (des os de l'épaule, ou *sterno-claviculaire*).	Elévation, abaissement, mouvement en avant, mouvement en arrière, circumduction.
Mouvements d'unité.	Articulation de l'épaule avec le bras (ou *scapulo-humérale*).	Mouvements en avant ou de flexion, en arrière ou d'extension, d'abduction, d'adduction, de rotation, de circumduction.
Idem...........	Articulation du coude (ou *huméro-cubitale*).	Flexion, extension.
Idem...........	Articulation du radius et du cubitus (ou *radio-cubitale*).	Pronation, supination.
Idem...........	Articulation du poignet (ou *radio-carpienne*).	Flexion, extension, abduction, adduction, rotation, circumduction.
Mouvements de totalité du bassin (général).	Articulation du bassin.	Faibles mouvements.
Mouvements d'unité.	Articulation de la hanche (du fémur avec l'os iliaque, ou *coxofémorale*).	Flexion, extension, abduction, adduction, rotation, circumduction.
Idem...........	Articulation du genou (du fémur avec le tibia, ou *fémoro-tibiale*).	Flexion, extension ou mouvements antéro-postérieurs.
Idem...........	Articulation du tibia et du péroné avec le tarse (*tibio-tarsienne*) ou cou-de-pied.	Flexion, extension.
Idem...........	Articulation du tarse et du métatarse.	Mouvements complexes ne pouvant être rangés sous une étiquette univoque. Quand l'avant-pied se fléchit sur l'arrière-pied, la plante se renverse en dedans et la pointe du pied se rapproche de la ligne médiane. (Ce mouvement porte à tort le nom d'*adduction*.)

MOUVEMENT GÉNÉRAL OU D'UNITÉ.	ARTICULATION.	DÉTAIL DES MOUVEMENTS QU'ELLES PERMETTENT.
Mouvements d'unité.	Articulation du tarse et du métatarse (*suite*)..	Dans le mouvement inverse (nommé *à tort* abduction), l'avant-pied s'étend sur l'arrière-pied ; la plante se renverse en dehors, et la pointe du pied se porte en dehors.
Mouvements d'inspiration et d'expiration.	Articulation de la colonne avec les côtes.	Soulèvement, abaissement.

RÉSUMÉ DES ARTICULATIONS

On nomme *articulation* le mode d'union des os entre eux.

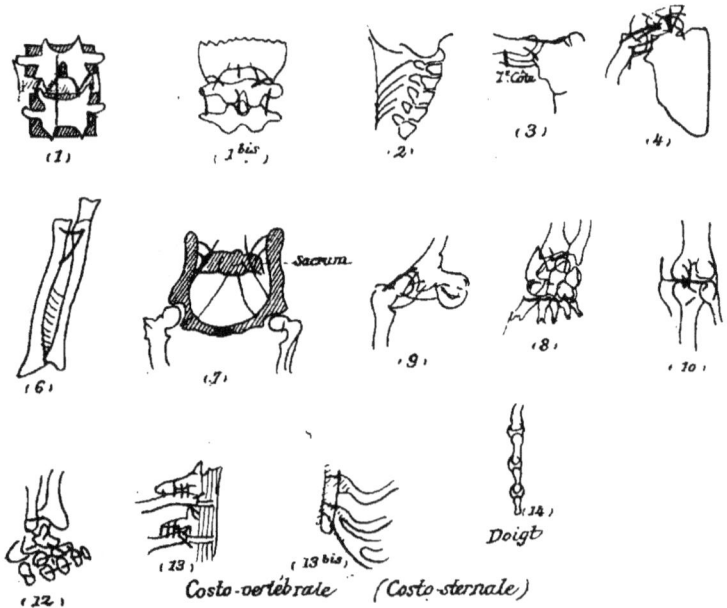

Schémas des articulations.

On les divise en *sutures* (articulations fixes) ; *symphises* (articulation semi-mobiles), *diarthroses* (articulations mobiles).

Les *diarthroses*, qui seules occuperont notre attention, permettent le mouvements généralement compris sous la dénomination de *flexion, extension, adduction, abduction, rotation, circumduction, pronation, supination, glissement.*

Les surfaces osseuses qui entrent en contact sont revêtues d'une couche élastique à surface polie (*cartilage articulaire*).

La permanence du contact est assurée par les *muscles* (liens actifs), par les *ligaments* (liens passifs) et par la pression atmosphérique.

Les surfaces articulaires sont entourées d'une poche dite *synoviale* qui sécrète la *synovie*, sorte de liquide qui joue le rôle de l'huile des machines.

Les principales *articulations* sont les suivantes, qui permettent les mouvements décrits ci-après :

Articulation des vertèbres entre elles (1 et 1 *bis*) (mouvements de la colonne vertébrale) : flexion, extension, flexion latérale, rotation, circumduction) ;

Articulation de la colonne avec la tête (2) (mouvements de la tête sur la colonne) : flexion, extension, flexion latérale, rotation, circumduction ;

Articulation de l'épaule avec le tronc (3) (mouvements de l'épaule) : élévation. abaissement, projection en avant, en arrière, circumduction ;

Articulation de l'épaule avec le bras (4) (mouvements du bras sur l'épaule) : flexion, extension, abduction, adduction, rotation, circumduction ;

Articulation du coude (5) (mouvements de l'avant-bras sur le bras) : flexion, extension ;

Articulation du radius et du cubitus (6) (mouvements du radius sur le cubitus) : pronation, supination ;

Articulation du poignet (8) (mouvements du carpe sur le radius et le cubitus) : flexion, extension, abduction, adduction, circumduction ;

Articulation du bassin (7) (faibles mouvements de totalité).

Articulation de la hanche (9) (mouvements du fémur sur l'os iliaque) : flexion, extension, abduction, adduction, circumduction ;

Articulation du genou (10) (mouvements du fémur avec le tibia) : flexion, extension ;

Articulation du tibia et du péroné (11) (mouvements du tibia et du péroné avec le tarse) : flexion, extension ;

Articulation du tarse et du métatarse (12) (mouvements complexes) ;

Articulation de la colonne avec les côtes (13 et 13 *bis*) (mouvements d'inspiration et d'expiration) : soulèvement, abaissement.

SYSTEME MUSCULAIRE

(Planches II et III).

Généralités sur les muscles.

Les MUSCLES mettent les os en mouvement; en se contra
tant ils font jouer les différentes pièces du squelette (19 *quat*
et *quinquies*).

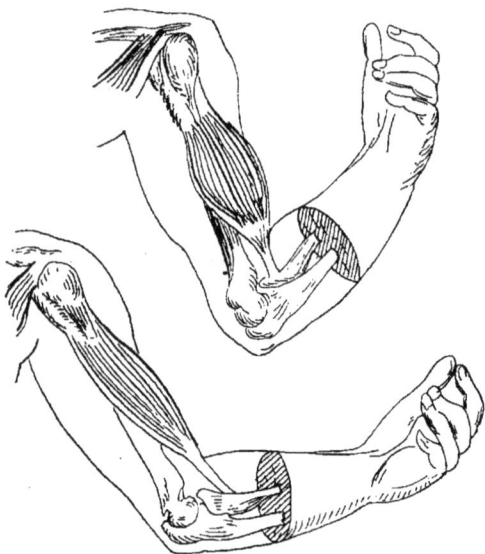

Fig. 19 *quater* et 19 *quinquies*. — Le muscle (biceps) non contracté et contracté.

Leur ensemble constitue la *chair musculaire* (*vulgo*, vian
de). Ils sont formés de filaments juxtaposés (20) nommé:
fibres, qui ont la propriété de se raccourcir; fixés à deu:
extrémités dont une est mobile, ils rapprochent ces deu:
extrémités et déterminent ainsi le *mouvement*.

Plus un muscle agit, plus il se fortifie; il s'atrophie pa:
l'inaction; on pourrait donc appeler la gymnastique « l'ar:
de développer les muscles » et, par suite, « la force et la
vigueur humaines » à l'aide d' « exercices appropriés ».

Il y a deux variétés de muscles :

a) Les muscles *volontaires*, c'est-à-dire qui obéissent normalement à la volonté (ex. : saisir un objet, marcher, courir, etc.); on les nomme muscles *à fibres striées* ou simplement *muscles striés;*

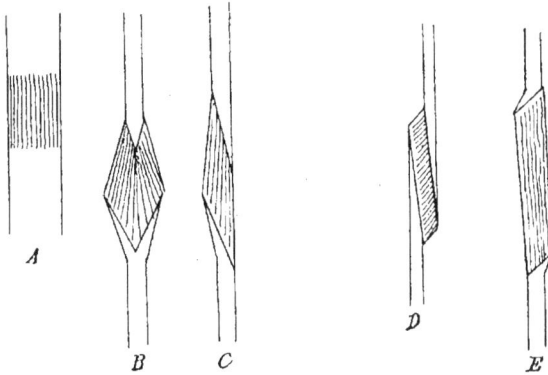

FIG. 20. — Schéma montrant les différents modes d'implantation des fibres charnues sur les extrémités tendineuses.

b) Les muscles *involontaires*, c'est-à-dire les muscles dont les mouvements ne sont pas soumis à la volonté (muscles annexés aux appareils de la *digestion*, de la *circulation*, etc.); on les nomme muscles *à fibres lisses*, ou simplement muscles *lisses.*

Nous nous occuperons exclusivement des premiers.

Les muscles sont dits *congénères*, quand ils concourent aux mêmes mouvements, et *antagonistes*, quand ils produisent le mouvement opposé.

Ils sont, suivant leurs usages : *adducteurs, abducteurs, élévateurs, abaisseurs, constricteurs, dilatateurs, fléchisseurs, extenseurs, pronateurs, supinateurs, rotateurs, opposants,* etc.).

Leur nom est emprunté tantôt à la fonction (*adducteurs, abducteurs, pronateurs*), tantôt à la forme (*deltoïde, pyramidal, carré*), à la constitution (*biceps, triceps*), à la direction (*droits, obliques*), au volume (*grands, petits, moyens*), à la situation (*radiaux, péroniers*), à l'insertion (*coraco-huméral, sterno-cleïdo-mastoïdien*).

Aponévroses. — On nomme *aponévroses* (d'enveloppe) des membranes fibreuses qui servent de gaines aux muscles, les séparent les uns des autres et rendent leur action indépendante.

Les muscles s'insèrent généralement à un point fixe par l'une de leurs extrémités et par l'autre à un point mobile qu'il s'agit de déplacer. Ils sont pourvus de vaisseaux et de nerfs.

Tendons (fig. 20 *bis*). — En principe, les muscles ne sont

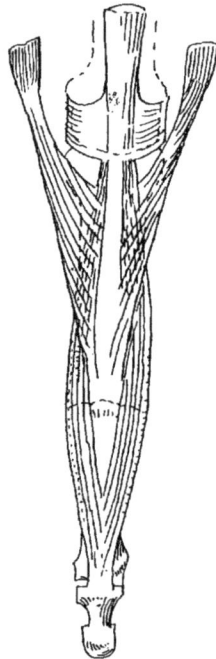

FIG. 20 *bis.* — Exemple de tendon (tendon extenseur commun; connexions; face superficielle).

pas attachés directement aux os; ils se terminent généralement sur l'os mobile par une sorte de *cordon* ou *courroie* plus ou moins élargie, souple mais non élastique, que l'on appelle *tendon*, parce qu'elle sert à tendre, à tirer. C'est par l'intermédiaire des tendons que les muscles peuvent agir sur les os pour produire des mouvements.

Tissu musculaire. — Les muscles sont séparés et emballés

pour ainsi dire, dans le cylindre formé par la peau et l'aponévrose générale d'enveloppe grâce à un tissu de remplis-
sage dit *conjonctif*, car il *unit*. Le corps entier peut, jusqu'à
un certain point, être considéré comme une masse de tissu
conjonctif ou de ses diverses formes, masse au milieu de
laquelle sont plongés les éléments plus essentiellement actifs.

Des muscles en particulier (1).

Nous plaçant au point de vue spécial qui nous occupe,
l' « étude du mouvement », nous décrirons les muscles principaux qui produisent ce mouvement en les classant dans
l'ordre que nous avons adopté pour les articulations.

Le tableau suivant donnera donc la nomenclature des principaux muscles en même temps qu'il indiquera les mouvements qu'ils produisent.

Nous les classerons en *très importants*, *importants* et *moins
importants* (2); cette classification, qui n'a rien d'anatomique,
n'a été adoptée que pour établir une gradation entre les muscles qu'il est indispensable de connaître tout d'abord et ceux
qui peuvent être réservés pour une étude ultérieure plus com-
plète (3).

---

(1) OBSERVATION. — Il nous a paru indispensable de faire à la mémoire
la part qui lui revenait; il faut, en conséquence, se plier à un véritable
effort mnémonique avant d'aborder l'étude détaillée des particularités de
chaque muscle et de ses insertions; la colonne « Muscles déjà cités » indique
les muscles qui agissent dans le mouvement figurant à la colonne *1*; mais,
afin de ne pas rompre la série des muscles qu'il convient d'apprendre, ils
ont été séparés de cette nomenclature.

(2) La grosseur de l'écriture différencie les muscles; en outre, les très
importants sont *soulignés*.

(3) OBSERVATION IMPORTANTE. — Comme il semble intéressant, d'autre
part, de connaître les muscles par région, un tableau des muscles dans cet
ordre figure aux pages 74, 75 et 76.

ACTIONS.	NOMENCLATURE.	COUCHES (1).	MUSCLES DÉJÀ VUS.

Mouvement de la colonne vertébrale.

ACTIONS.		NOMENCLATURE.	COUCHES (1).	MUSCLES DÉJÀ VUS.
Flexion (en avant)....	Vertèbres cervicales....	Sterno-cléido-mastoïdien	S.	[Torticolis] (2).
		Grand droit antérieur de la tête...............	P.	
		Petit droit antérieur de la tête...............	P.	
		Scalènes.........	P.	
		Long du cou..............	P.	
	Vertèbres dorsales.......	....		
	Vertèbres lombaires......	Grand droit de l'abdomen..................	S.	
		Grand oblique de l'abdomen...............¸....	S.	[Grimper.]
		Petit oblique de l'abdomen	P.	
Extension ..	Vertèbres cervicales....	Trapèze...............	S.	[Hausser les épaules; porter un fardeau, grimper.]
		Grand complexus.......	P.	Petit complexus.
		Grand droit postérieur..	P.	
		Petit droit postérieur...	P.	
		Splénius..............	P.	[Rôle actif dans la station verticale; redresse la colonne vertébrale dans le grimper.]
		Sacro-lombaire (partie haute).................	P.	
	Vertèbres dorsales.......	Long dorsal............	P.	
	Vertèbres lombaires......	Masse commune.......	P.	
Flexion latérale......	Vertèbres cervicales....	Petit complexus........	P.	Splénius.
		Petit oblique de la tête..	P.	
		Transversaire du cou......	P.	
		Intertransversaire du cou..	P.	
		Angulaire de l'omoplate....	P.	
	Vertèbres dorsales.......	....		Sacro-lombaire, long dorsal.
	Vertèbres lombaires......	Carré des lombes.......	P.	
		Intertransversaire des lombes.................	P.	
Rotation....	Vertèbres cervicales....	Grand oblique de la tête.	P.	St.-cl.-mastoïdien, grand complexus. Splénius. Transversaire épineux du cou.
	Vertèbres dorsales.......	Transversaire épineux du dos.............	P.	Transvers. épineux du dos.
	Vertèbres lombaires......	....		

(1) Les abréviations S et P signifient : Superficielle et profonde.

(2) Les annotations en petits caractères et entre [ ] indiquent le rôle particulier joué par certains muscles.

ACTIONS.	NOMENCLATURE.	COUCHES.	MUSCLES DÉJA VUS.
	Mouvement de la tête.		
Flexion (en avant).........) Extension.................: Flexion latérale ....\ Rotation ....|	.....................}		((Voir à la colon- \ne vertébrale les (mouvements des /vertèbres cervi- \cales.)
	Mouvement de l'épaule.		
	(.....................\ \Rhomboïde............	P.	\ Trapèze.
Elévation...			(Angulaire de l'o- \moplate.
	(Grand dentelé.........	S.	[Porter un fardeau \sur l'épaule; se sus- /pendre à la barre les \bras renversés en ar- /rière.]
			(Trapèze (fais- /ceau inférieur).
Abaissement	\.................... \Grand dorsal..........	S.	[Se gratter le dos.]
	(Petit pectoral..........	P.	
En avant (projection).	\Grand pectoral........	S.	[Croiser les bras; \nager; grimper.] Petit pectoral. /Grand dentelé.
	/....................		(Trapèze. \ Rhomboïde.
En arrière..	....		\ Angulaire de /l'omoplate. (Grand dorsal.
Circumduc- tion......	....		\ Tous les mus- /cles ci-dessus.
	Mouvement du bras.		
Flexion (en avant)....	(Deltoïde (faisceau anté- \ rieur)...............	S.	[Riposte à l'escrime; [grimper.]
	(Coraco-brachial........	S.	\ [Suspension du corps /par les bras.]
Elévation (abduction)..	\....................		(Deltoïde (fais- /ceau moyen).
	/Sus-épineux..........	P.	[Comme coraco-b.] Grand dorsal.
Abaissement (adduction).	\.................... \Grand rond..........	P.	
	\Petit rond..........	P.	
	(Coraco-brachial........	S.	Grand pectoral.
	/Sous-scapulaire........	P.	[Comme coraco-b.]
	\Sous-épineux	P.	[Id.]
Extension (en arrière).	....		(Grand dorsal. \ Grand rond.
Rotation (en dehors)...	....		) Deltoïde (fais- \ceau postérieur). \ Sous-épineux.
Rotation (en dedans)...	....		/ Petit rond. Grand dorsal. Grand rond.
Circumduc- tion......	....		(Sous-scapulaire \ Tous les muscles /ci-dessus.

ACTIONS.	NOMENCLATURE.	COUCHES.	MUSCLES DÉJA VUS.

Mouvement de l'avant-bras.

ACTIONS.	NOMENCLATURE.	COUCHES.	MUSCLES DÉJA VUS.
Flexion.....	*Biceps brachial*.........	S.	[Comme coraco-brachial ; soulever la tête à hauteur des poignets, grimper.]
	Brachial antérieur......	P.	[Id.]
	Long supinateur...........	S.	[Comme rond-pronateur.]
Extension.................	*Triceps brachial*........	S.	[Détente brusque pour le lancer du coup de poing de la boxe et riposte ; escrime.]
	Anconé.................	S.	[Id.]
Pronation.................	*Rond pronateur*........	S.	[Exercices de canne
	Carré pronateur........	P.	et de bâton ; escrime.]
Supination.................	*Court supinateur*........	P.	Long supinateur. [Comme rond-pronateur.] Biceps. [Comme rond-pronateur.]

Mouvement de la main.

ACTIONS.	NOMENCLATURE.	COUCHES.	MUSCLES DÉJA VUS.
Flexion	*Grand palmaire*........	S.	
	Petit palmaire..........	S.	
	Cubital antérieur........	S.	
Extension.................	*Premier radial externe.*	S.	
	Deuxième radial externe	S.	
	Cubital postérieur......	S.	
Abduction.................			Premier radial externe. Deuxième radial externe. Cubital postérieur. Cubital antérieur.
Adduction.................			

Mouvement des doigts.

ACTIONS.	NOMENCLATURE.	COUCHES.	MUSCLES DÉJA VUS.
Flexion	1res phalanges sur métacarpiens....... *Interosseux*............	P.	
	du pouce..... *Muscles thénariens* (à proprement parler opposants)...............	S. et P.	[Assurent au pouce son rôle de pince.]
	du petit doigt. *Muscles hypothénariens.*	S. et P.	
	2e phalange sur 1res........ *Fléchisseur sublime* (ou commun superficiel)...	P.	
	3e phalange sur 2e et 2e sur 1re *Fléchisseur commun profond*...............	P.	[Préhension des objets.]
	2e phalange du pouce sur 1re *Fléchisseur propre du pouce*...............	P.	
Extension ..	1res phalanges sur métacarpiens...... *Extenseurs*............	S.	
	2e et 3e phalanges sur la 1re........ *Lombricaux*............	S. et P.	*Interosseux*.

ACTIONS.	NOMENCLATURE.	COUCHES.	MUSCLES DÉJA VUS
	Mouvement de la cuisse.		
Flexion.................	Psoas iliaque...........	P.	[Natation; si les pieds sont fixés, fléchit le tronc en avant; danse.]
	Droit antérieur du triceps crural...........	S.	[Rôle actif dans la marche.]
Extension.............	Grand fessier...........	S.	[Ecartement des jambes; natation; saut. action de se lever; équilibre sur un pied; danse.]
	Petit fessier...........	P.	
Abduction..............	Moyen fessier...........	P.	Grand fessier, petit fessier. [Le grand fessier maintient écartement de la pointe des pieds dans la station droite.]
Adduction..............	1er adducteur..........	P.	[Croiser les cuisses, soutiennent le corps fixé à l'arbre dans le grimper; équitation; mise en garde après une fente, escrime]
	2e adducteur..........	P.	
	3e adducteur..........	P.	
	Pectiné...............	P.	
	Droit interne..........	S.	
Rotation (en dehors).......	Pyramidal.............	P.	
	Jumeau supérieur........	P.	
	Jumeau inférieur........	P.	
	Obturateur interne........	P.	
	Obturateur externe........	P.	
	Carré crural...........	P.	Grand fessier.
Rotation (en dedans).......			Moyen fessier, petit fessier.
	Mouvement de la jambe.		
Flexion.............	Biceps crural...........	S.	[Dans la station verticale; retiennent le bassin en arrière.]
	Demi-membraneux......	S.	
	Demi-tendineux	S.	
	Poplité	S.	Jumeaux.
			Droit interne.
	Couturier..............	S.	[Renverse la jambe en dedans et la croise sous celle du côté opposé.]
Extension..............	Quadriceps crural......	S.	[Fait équilibre à lui seul au poids du tronc dans la station verticale : marche, course, saut, natation, escrime, boxe; trotter à l'anglaise.]
	Mouvement du pied.		
Flexion.............	Jambier antérieur......	S.	[Agissent dans le mode de grimper qui consiste à soutenir le corps par la plante des pieds renversés en dedans, sans le contact des cuisses.]
	Jambier postérieur.....	P.	
	Extenseur commun des orteils..............	S.	

ACTIONS.	NOMENCLATURE.	COUCHES	MUSCLES DÉJA VUS.

Mouvement du pied (suite).

ACTIONS.	NOMENCLATURE.	COUCHES	MUSCLES DÉJA VUS.
Extension...............	Triceps sural..........	S.	[Agent principal de la progression et du saut, se soulever sur la pointe des pieds, son développement est énorme et disgracieux chez les danseuses.]
Abduction................	Long péronier latéral.. Court péronier latéral.. Péronier antérieur......	S. S. S.	
Adduction...............			Jambier anté-rieur. Jambier posté-rieur.

Mouvement des orteils.

ACTIONS.	NOMENCLATURE.	COUCHES	MUSCLES DÉJA VUS.
Flexion.................	Long fléchisseur commun des orteils............ Court fléchisseur commun des orteils....... Long fléchisseur du gros orteil................	P. S. S.	
Extension................	.... Extenseur propre du gros orteil........... Pédieux................	S. S.	Extenseur commun des orteils.

Mouvement d'inspiration.

ACTIONS.	NOMENCLATURE.	COUCHES	MUSCLES DÉJA VUS.
Inspiration...............	Diaphragme...........	P.	Sterno - cleïdo - mastoïdien, scalènes.
	Intercostaux...........	P.	Grand dorsal, petit pectoral, grand dentelé.
	Sous-clavier...........	P.	

Mouvement d'expiration.

ACTIONS.	NOMENCLATURE.	COUCHES	MUSCLES DÉJA VUS.
Expiration......	Transverse de l'abdomen Triangulaire du sternum.	P. S.	Obliques, grand droit.

Mouvement de compression abdominale.

ACTIONS.	NOMENCLATURE.	COUCHES	MUSCLES DÉJA VUS.
Compression (défécation)....	....		Obliques, trans-verses, grand-droit [Défécation.]

Particularités sur les muscles.

Mouvement de la colonne vertébrale et de la tête.

Sterno-cléido-mastoïdien (fig. 20 ter). — Muscle long; s'attache en haut à l'apophyse mastoïde du crâne, en bas au sternum et à la clavicule.

Grand droit antérieur de la tête, petit droit antérieur de la

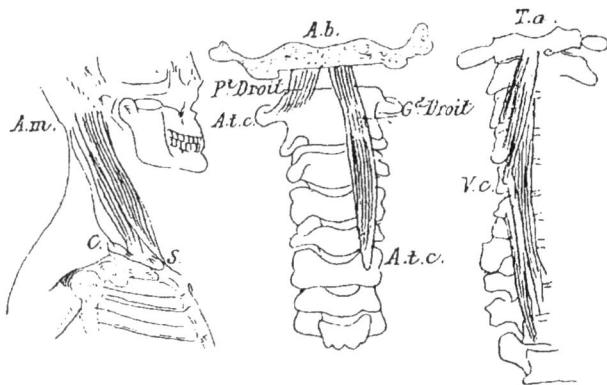

Fig. 20 ter. — Sterno-
cleido-mastoïdien.   Fig. 21. — Grand droit et petit
droit.   Fig. 22. — Long du
cou.

tête (fig. 21). — S'insèrent en haut à l'apophyse basilaire, en bas aux apophyses transverses cervicales.

Scalènes (*antérieur et postérieur*). — Situés sur les côtés du cou, vont des vertèbres cervicales aux premières côtes (fig. 23, 24, 25).

Long du cou (fig. 22). — Formé de trois portions; muscle allongé, couché sur les parties antéro-latérales des cervicales et des trois premières dorsales; sa masse va du tubercule antérieur de l'atlas aux dorsales susindiquées.

Grand droit de l'abdomen (fig. 26). — A la forme d'un

long ruban; s'insère en haut aux cartilages des 5°, 6° et 7°° côtes, en bas au pubis. Comprime les viscères abdominaux.

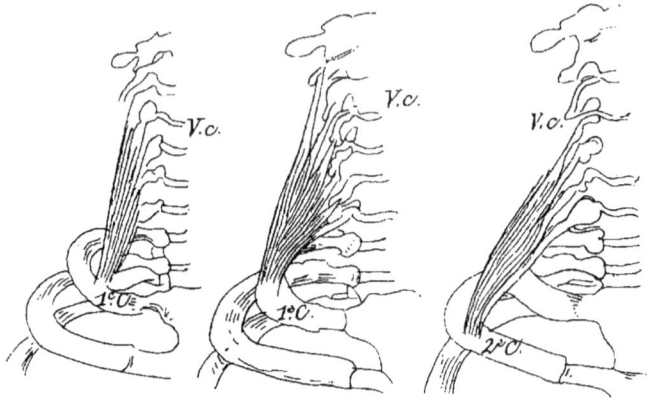

FIG. 23. — Scalène antérieur.   FIG. 24. — Scalène moyen.   FIG. 25. — Scalène postérieur.

Grand oblique de l'abdomen (fig. 27). — Muscle large, formant avec le petit oblique et le transverse la paroi latérale

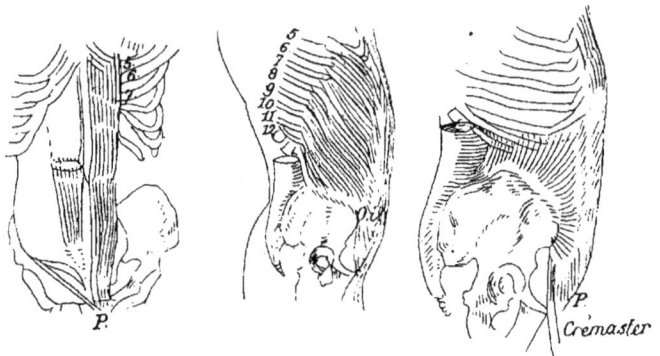

FIG. 26. — Grand droit de l'abdomen.   FIG. 27. — Grand oblique.   FIG. 28. — Petit oblique.

de l'abdomen. S'insère en haut aux huit dernières côtes, en bas à l'os iliaque. Comprime les viscères abdominaux.

Petit oblique de l'abdomen (fig. 28). — Large et plat : sous-jacent au grand oblique. — S'insère en haut aux cartilages des dernières côtes, en bas à l'os iliaque; ses fibres inférieures descendent au pubis. Même action que le précédent.

Trapèze (fig. 29). — Large, triangulaire; ses fibres s'attachent d'une part aux vertèbres cervicales et dorsales et, d'autre part, à l'épaule (clavicule et omoplate).

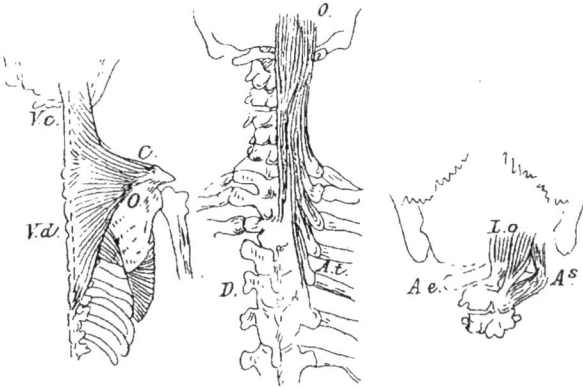

Fig. 29. — Trapèze. Fig. 30. — Grand complexus. Fig. 31. — Grand et petit droits postérieurs.

Grand complexus (fig. 30). — Situé à la partie postérieure du cou. Muscle aplati; s'insère en haut à l'occipital et en bas aux apophyses transverses des premières dorsales.

Grand droit postérieur de la tête (fig. 31). — Triangulaire, aplati; naît de l'apophyse épineuse de l'axis et s'insère à la courbe inférieure de l'occipital (dit : *occipito-axoïdien*).

Petit droit postérieur de la tête (fig. 31). — Triangulaire; s'attache, d'une part, à l'apophyse épineuse de l'atlas; de l'autre, à la ligne occipitale inférieure (dit *occipito-atloïdien*).

Splénius (fig. 32). — Situé à la partie postérieure du cou; s'insère en haut à l'occipital, en bas aux apophyses épineuses des cervicales et des dorsales.

Masse commune (fig. 34). — Formée par la réunion inférieure du *sacro-lombaire* (fig. 33), du *long dorsal* (fig. 34), du *transversaire épineux* (fig. 38) et (chez certains auteurs) de l'*épi-épineux* (fig. 34) ou *long épineux*. Cette masse musculaire part de la gouttière formée par le sacrum et l'os coxal.

Sacro-lombaire (fig. 33). — Le plus externe des trois mus
cles longs; s'étend de l'os iliaque à l'apophyse transverse de
quatre ou cinq dernières vertèbres cervicales; confondu à so
origine avec le long dorsal dans la masse commune. On l
nomme encore *ilio-costal*.

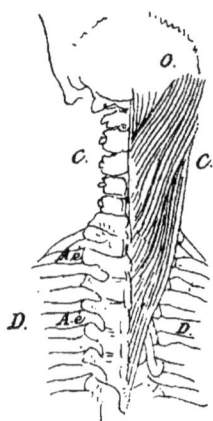

Fig. 32. — Splénius.　　Fig. 33. — Sacro-lombaire　　Fig. 34. — Long dorsal et
　　　　　　　　　　　　　　　(ilio-costal).　　　　　　　　épi-épineux.

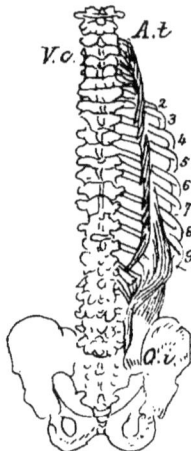

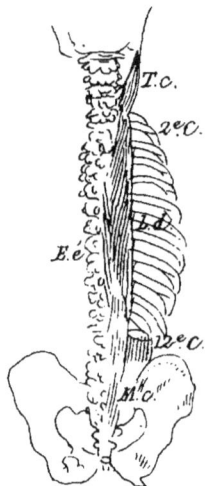

Long dorsal (fig. 34). — Constitue la partie interne de la
masse commune; recouvre le transversaire épineux. Con
fondu d'abord avec le sacro-lombaire, il s'en sépare vers la
12ᵉ côte et monte en diminuant de volume jusqu'à la hau
teur de la 2ᵉ côte.

Petit complexus (fig. 35). — Faisceau musculaire appliqué
contre le grand complexus; s'insère en haut à l'apophyse
mastoïde, en bas aux dernières cervicales.

Petit oblique (fig. 36). — A la région supérieure et latérale
du cou; s'insère en haut à l'occipital, en bas à l'atlas.

Transversaire du cou (fig. 34). — Muscle très grêle; s'in
sère en bas aux vertèbres dorsales, en haut aux vertèbres
cervicales.

Intertransversaires du cou. — Petits faisceaux musculaires allant d'une apophyse transverse cervicale à l'autre.

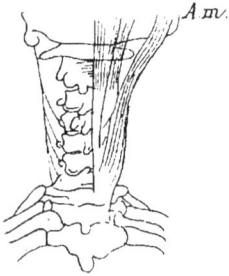

FIG. 35. — Petit complexus.

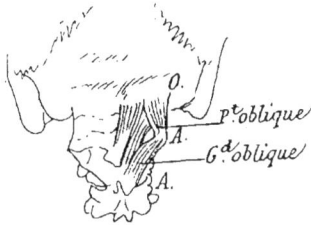

FIG. 36. — Petit oblique et grand oblique.

Angulaire de l'omoplate (fig. 37). — Gros faisceau musculaire s'insérant en haut aux transverses des quatre premières cervicales, en bas à l'angle de l'omoplate.

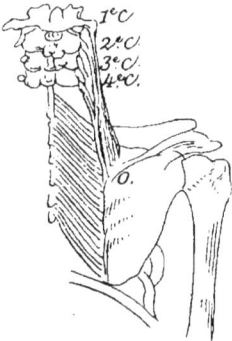

FIG. 37. — Angulaire de l'omoplate.

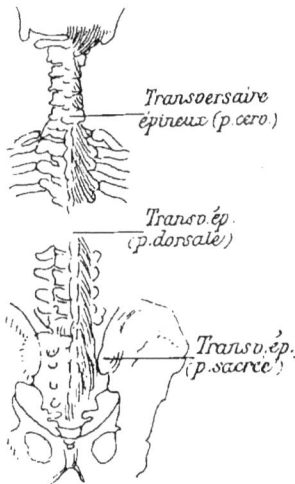

FIG. 38. — Transversaire épineux.

Carré des lombes (fig. 39). — Muscle aplati, quadrilatère, situé sur les parties postérieures de l'abdomen; s'insère en haut à la dernière côte, en bas à la crête iliaque.

Intertransversaires des lombes (fig. 39). — Petits faisceaux musculaires allant d'une apophyse transverse lombaire à l'autre.

FIG. 39. — Intertransversaires et carré des lombes surcostaux et intercostaux.

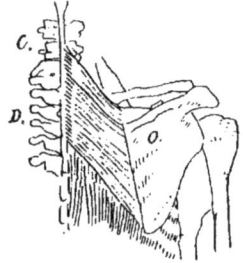

FIG. 40. — Rhomboïde.

Grand oblique de la tête (fig. 36). — A la région supérieure et latérale du cou; s'insère en haut à l'atlas, en bas à l'axis.

Transversaire épineux (fig. 38). — Muscle fusiforme occupant la partie interne de la grande gouttière vertébro-costale; placé sur la partie latérale des apophyses épineuses, sous-jacent aux muscles sacro-lombaire, long dorsal et épi-épineux, étendu du sacrum jusqu'à l'axis; il est dit transversaire épineux du cou ou transversaire épineux du dos, suivant la partie qu'il occupe.

Mouvement de l'épaule.

Rhomboïde (fig. 40). — Muscle large, mince, en forme de losange, situé à la région postérieure du cou; s'insère en dedans aux dernières cervicales et aux premières dorsales; en dehors au bord interne de l'omoplate.

Grand dentelé (41 et 41 *bis*), très large, de forme quadrilatère; sous les parties latérales du thorax; s'insère aux dix premières côtes par autant de faisceaux (d'où son nom) et, d'autre part, au bord interne de l'omoplate.

Grand dorsal (fig. 42). — Très large, aplati, mince, de forme triangulaire; s'insère en dedans aux apophyses épi-

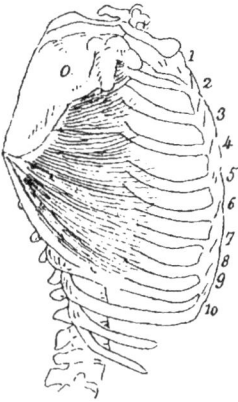

Fig. 41. — Grand dentelé.

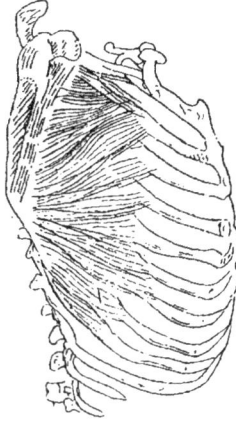

Fig. 41 *bis*. — Grand dentelé.

neuses des dernières dorsales, de toutes les lombaires et du sacrum; en bas aux dernières côtes et à la crête iliaque.

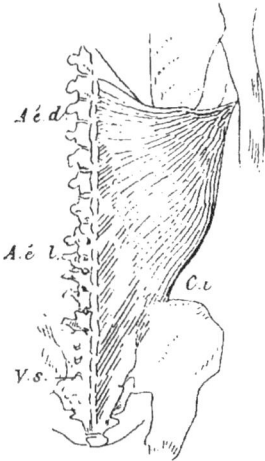

Fig. 42. — Grand dorsal.

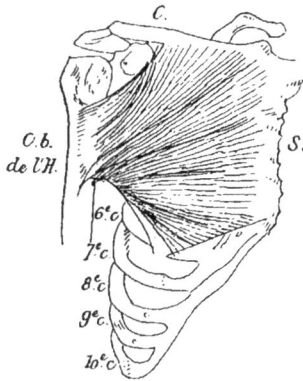

Fig. 43. — Grand pectoral.

Petit pectoral (fig. 44). — Large, aplati, triangulaire, situé à la partie antéro-latérale du thorax, au-dessous du grand

pectoral; s'insère en bas à la face antérieure des 3°, 4°
5° côtes, en haut à l'apophyse coracoïde.

Grand pectoral (fig. 43). — Large, aplati et triangulair
s'étend de la clavicule, du sternum et des six premiers cart

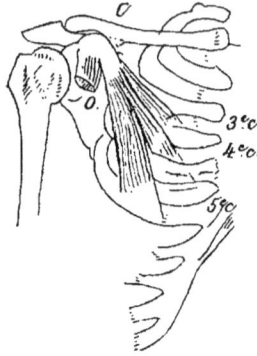

FIG. 44. — Petit pectoral.

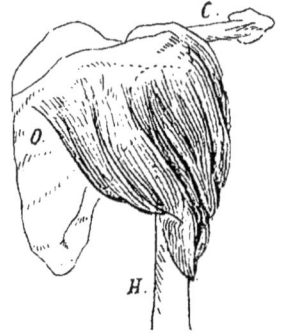

FIG. 45. — Deltoïde.

lages costaux pour s'insérer par un fort tendon à la part
antérieure de la coulisse bicipitale de l'humérus.

Mouvement du bras.

Deltoïde (fig. 45). — Le deltoïde entoure le moignon d

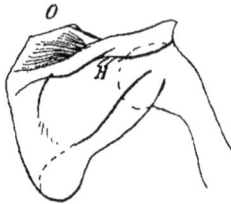

FIG. 46. — Sus-épineux.

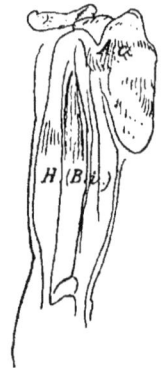

FIG. 47. — Coraco brachial.

l'épaule et forme le coussin de l'épaule; c'est un muscle trian gulaire qui s'insère, d'une part, à l'omoplate et à la clavicule, de l'autre, à l'humérus; sa puissance est proportionnelle au poids qu'un individu est capable de porter à bras tendu.

Coraco-brachial (fig. 47). — Situé à la partie supérieure et interne du bras; s'insère en haut à l'apophyse coracoïde, en bas au milieu du bord interne de l'humérus.

Sus-épineux (fig. 46). — Muscle épais et triangulaire; s'insère, d'une part, à la partie supérieure et externe de l'omoplate; de l'autre, à la partie supérieure de la tête de l'humérus.

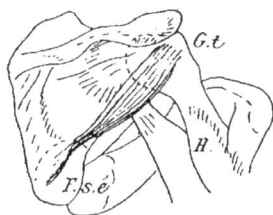

FIG. 47 *bis*. — Petit rond.   FIG. 48. — Grand rond.

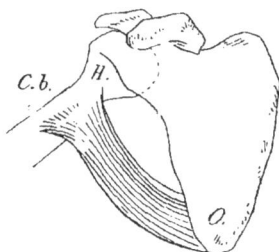

Grand rond (fig. 48). — Situé à la partie postérieure et inférieure de l'épaule, il forme la paroi postérieure du creux de l'aisselle et s'étend de l'angle inférieur de l'omoplate à la coulisse bicipitale.

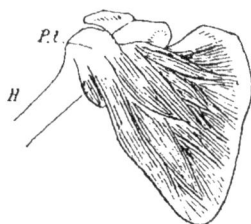

FIG. 49. — Sous-scapulaire.   FIG. 50. — Sous-épineux.

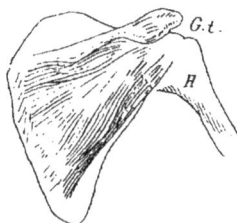

Petit rond (fig. 47 *bis*). — Au-dessous du sous-épineux, souvent confondu avec lui par quelques auteurs; muscle aplati et allongé; s'insère en dedans à la partie inférieure et externe de la fosse sous-épineuse, en dehors à la grosse tubérosité de l'humérus.

Sous-scapulaire (fig. 49). — Epais et triangulaire; occu[toute la fosse sous-scapulaire et s'insère en dehors à la peti tubérosité de l'humérus.

Sous-épineux (fig. 50). — Epais, aplati et triangulair occupe la fosse sous-épineuse à laquelle il s'insère d'une pa et de l'autre à la grosse tubérosité de l'humérus.

Mouvement de l'avant-bras.

Biceps brachial (fig. 51). — Le biceps couvre toute la fac

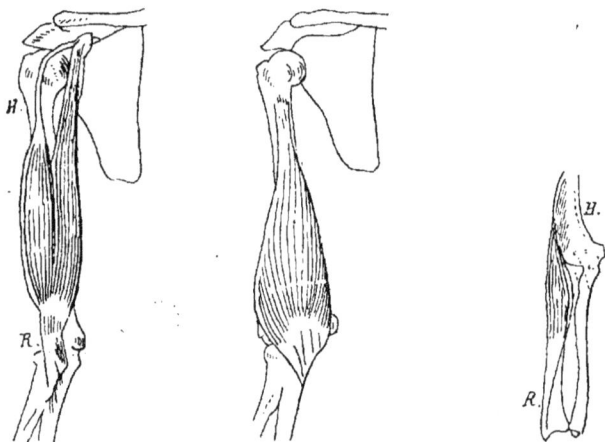

Fig. 51. — Biceps brachial.   Fig. 52. — Brachial antérieur.   Fig. 53. — Long supinateur.

antérieure de l'humérus; il va de l'épaule au radius. So action est renforcée par celle du brachial antérieur.

Brachial antérieur (fig. 52) (huméro-cubital). — Recouve par le précédent.

Long supinateur (fig. 53). — Forme la saillie interne d pli du coude; facile à sentir lorsque l'on fléchit légèremer l'avant-bras sur le bras; s'insère en haut à l'humérus, e bas au radius (huméro-stylo-radial).

Triceps brachial (fig. 54). — Couvre la face postérieure d l'humérus; antagoniste du biceps; formé en haut par troi parties distinctes (*triceps*, trois têtes); s'insère en haut sou

la cavité glénoïde et à la face postérieure de l'humérus; en
bas par un fort tendon à l'olécrâne.

Fig. 54. — Triceps brachial.

Anconé (fig. 55). — Situé à la partie postérieure du coude;
s'insère en haut à la place postérieure de l'épitrochlée; en
bas à l'olécrâne.

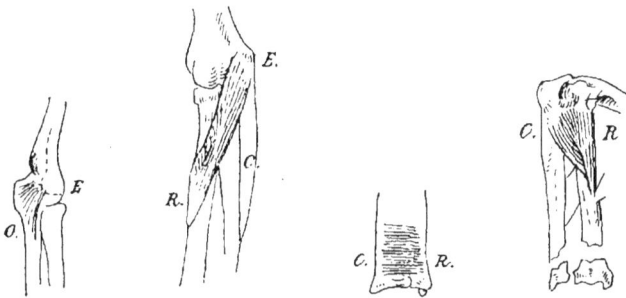

Fig. 55. — Anconé.   Fig. 56. — Rond
pronateur.

Fig. 57. — Carré
pronateur.

Fig. 58. — Court
supinateur.

Rond pronateur (fig. 56). — A la partie supérieure et antérieure de l'avant-bras; s'insère en haut à l'épitrochlée, au
cubitus et en bas à la face externe du radius. Forme cette
saillie du pli du coude que l'on sent en dedans quand on
fléchit légèrement l'avant-bras sur le bras.

Carré pronateur (fig. 57). — Muscle quadrilatère, large
à la partie inférieure de l'avant-bras; s'insère au bord intern
du cubitus et au bord externe du radius.

Court supinateur (fig. 58). — Muscle aplati situé à la régio
supérieure de l'avant-bras; s'insère au cubitus et au radius

Mouvement de la main.

Grand palmaire (fig. 59). — S'insère en haut à l'épitro
chlée, en bas au 2ᵉ métacarpien.

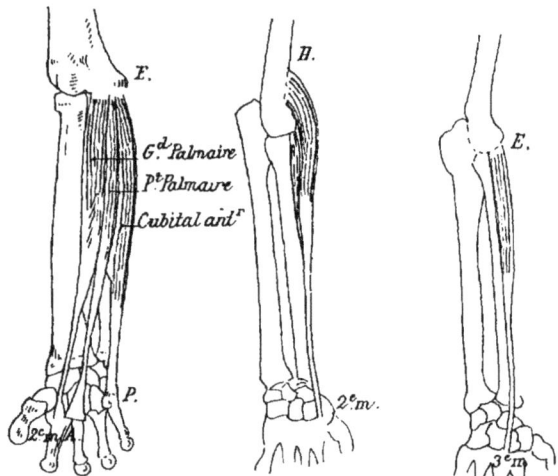

FIG. 59. — Palmaires et
cubital antérieur.   FIG. 60. — 1ᵉʳ radial.   FIG. 61. — 2ᵉ radial.

Petit palmaire (fig. 59). — S'insère en haut à l'épitrochlée
en bas à l'aponévrose de la paume de la main.

Cubital antérieur (fig. 59). — S'insère en haut à l'épitro
chlée, en has au pisiforme.

Premier radial externe (fig. 60). — Au-dessous du long
supinateur; s'insère à la partie inférieure de l'humérus, e
bas au 2ᵉ métacarpien.

Deuxième radial externe (fig. 61). — S'insère en haut d
l'épicondyle, en bas à la base du 3ᵉ métacarpien.

Cubital postérieur (fig. 72). — S'insère en haut à l'épicon
dyle, en bas à l'extrémité supérieure du 5ᵉ métacarpien.

Mouvement des doigts.

Interosseux (fig. 63, 64). — Remplissent les espaces intermétacarpiens. Au nombre de deux pour chaque espace ils
se distinguent, suivant leur situation, en *interosseux dorsaux* et en *interosseux palmaires*.

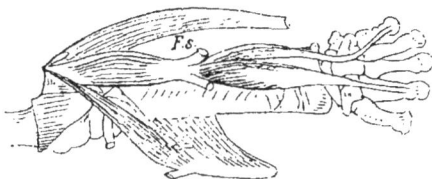

FIG. 62. — Fléchisseur superficiel (couche profonde).

Muscles thénariens (fig. 65). — Au nombre de quatre :

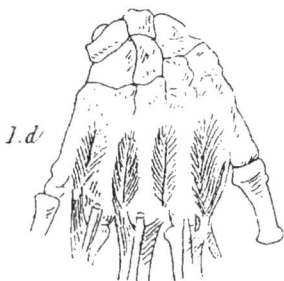

FIG. 63. — Interosseux dorsaux.

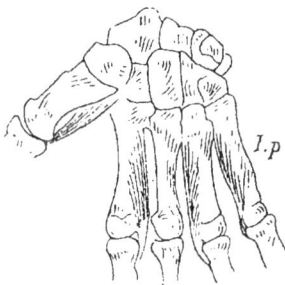

FIG. 64. Interosseux palmaires.

court abducteur du pouce (fig. 65); *opposant* (fig. 65, 66):
court fléchisseur (fig. 65, 66, 67); *adducteur* (fig. 65).

Muscles hypothénariens. — Au nombre de quatre : *palmaire cutané* (fig. 68); *adducteur* (fig. 65); *du petit doigt* (fig.
65); *court fléchisseur* (fig. 65, 66, 67); *opposant* (fig. 67).

Fléchisseur sublime (ou *fléchisseur superficiel des doigts*
(fig. 62, 69). — Va de la tubérosité interne de l'humérus à
la 2ᵉ phalange des quatre derniers doigts.

Fléchisseur profond des doigts (fig. 70). — Allongé, aplati,

divisé inférieurement en quatre portions qui se termine
chacune par un tendon (fig. 70).

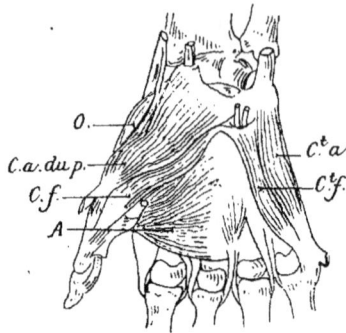

FIG. 65. — Thénariens et hypothénariens
(1ʳᵉ couche).

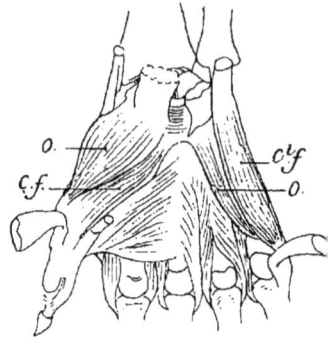

FIG. 66. — (2ᵉ couche).

Long fléchisseur propre du pouce (fig. 70). — Charnu su
périeurement, tendineux inférieurement; va du radius à
2ᵉ phalange du pouce.

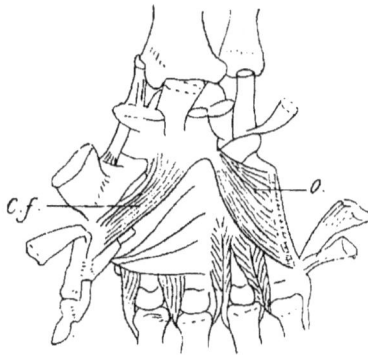

FIG. 67. — (3ᵉ couche).

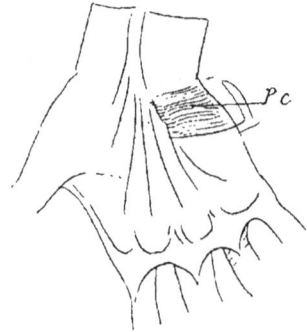

FIG. 68. — Palmaire cutané.

Extenseurs. — Huit muscles : *extenseur commun des doig*
(fig. 72); *extenseur propre du petit doigt* (fig. 72); *cubital pos*
térieur (fig. 72); *anconé* (fig. 72); *long abducteur du pouc*
(fig. 71); *court extenseur du pouce* (fig. 71); *long extenseu*
du pouce (fig. 71); *extenseur propre de l'index* (fig. 71).

Lombricaux (fig. 70). — Muscles grêles au nombre de

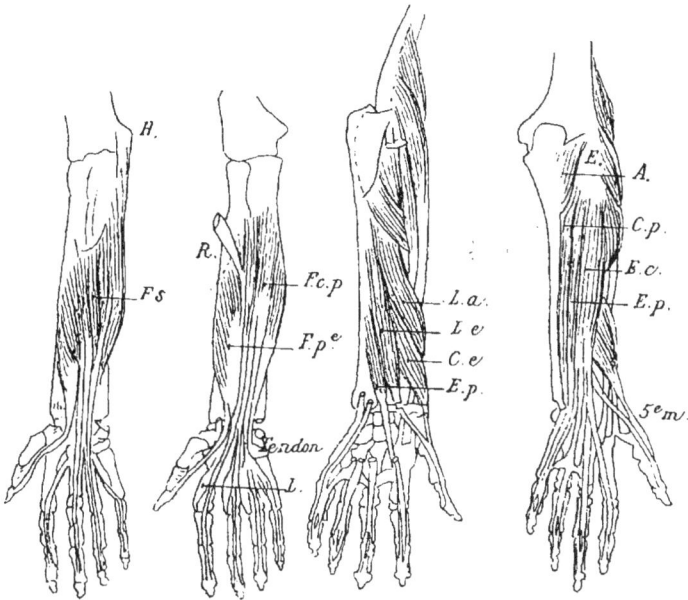

FIG. 69.   FIG. 70.   FIG 71. — Couche profonde.   FIG. 72. — Couche superficielle.

Muscles de la région postérieure (extension) fig. 71, 72.

quatre : vont des tendons du fléchisseur profond au côté radial du tendon extenseur de chaque doigt.

Mouvement de la cuisse.

Psoas iliaque (fig. 73). — Naît *psoas* des vertèbres *lombaires; iliaque*, de la fosse du même nom. Un tendon commun à ses deux parties constituantes s'attache au petit trochanter.

Droit antérieur (fig. 74) (*faisceau superficiel et cléo-rotulien du quadriceps crural*). — Un des quatre faisceaux du quadriceps (portion moyenne); s'insère à l'épine iliaque antérieure et inférieure; son tendon s'insère à la tubérosité antérieure du tibia par l'intermédiaire de la rotule.

Grand fessier (fig. 75). — Quadrilatère, très épais, formant à lui seul la saillie de la fesse; le plus volumineux du corps;

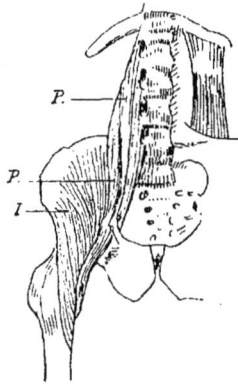

FIG. 73. — Psoas iliaque.

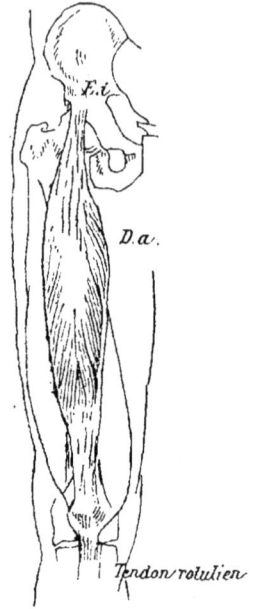

FIG. 74. — Droit antérieur.

s'insère en haut à l'iliaque, à la crête sacrée et au coccyx, en bas au fémur (entre la ligne âpre et le grand trochanter).

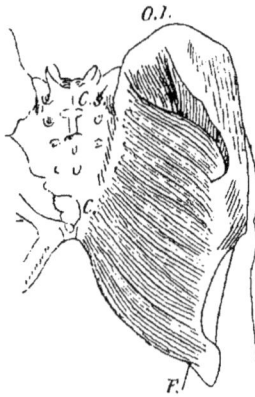

FIG. 75. — Grand fessier.

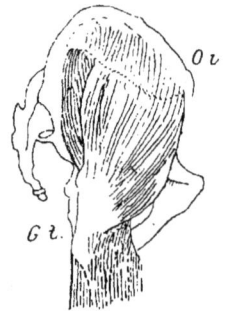

FIG. 76. — Moyen fessier.

Moyen fessier (fig. 76). — Plus profond que le précédent; s'insère en haut à la face externe de l'os iliaque, en bas au grand trochanter (face externe).

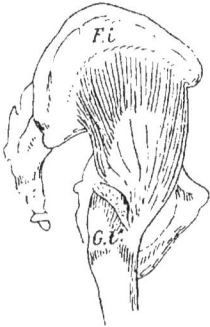

FIG. 77. — Petit fessier.   FIG. 78. — Grand ou 1ᵉʳ adduc-   FIG. 79. — Moyen ou 2ᵉ adducteur (vue antérieure).   teur.

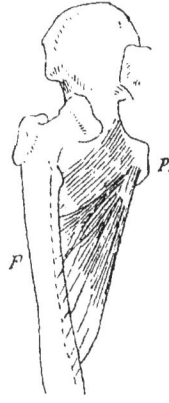

Petit fessier (fig. 77). — Le plus profond des fessiers; s'insère à la fosse iliaque externe, en bas au grand trochanter (bord antérieur).

Ces trois muscles, extrêmement puissants, sont les agents principaux de la station verticale et de la marche.

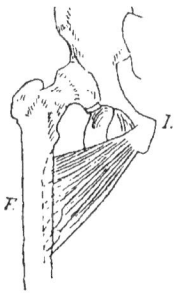

FIG. 80. — Petit ou 3ᵉ adducteur.   FIG. 81. — Pectiné.   FIG. 82. — Pyramidal.

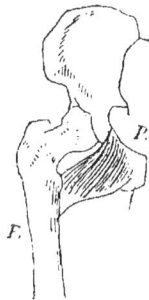

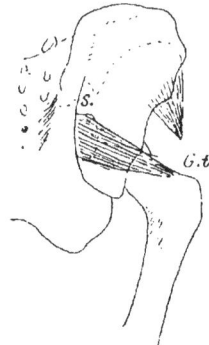

1ᵉʳ *adducteur* (fig. 78); 2ᵉ *adducteur* (fig. 79); 3ᵉ *adducteur* (fig. 80). — Muscles aplatis, triangulaires, superposés; s'insèrent en haut : le 1ᵉʳ et le 2ᵉ au pubis, le 3ᵉ à l'ischion, en bas à la ligne âpre du fémur.

Pectiné (fig. 81). —A la région interne de la cuisse; mêmes insertions que le 1ᵉʳ adducteur.

Droit interne. — Comme le pectiné.

Pyramidal (fig. 82). — De forme triangulaire; s'insère en haut à la face antérieure du sacrum, en bas au grand trochanter.

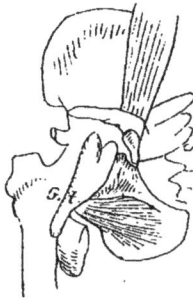

FIG. 83. — Obturateur externe.

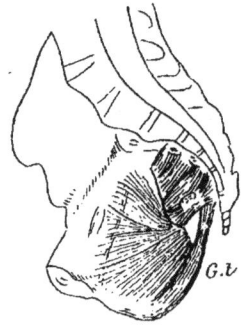

FIG. 84. — Obturateur interne.

Jumeaux (supérieur et inférieur) (fig. 84). — Forment avec l'obturateur interne un faisceau divisé en dedans et terminé

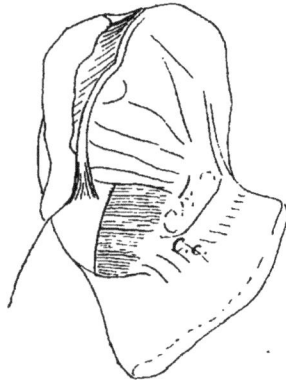

FIG. 85. — Carré crural.

par un tendon unique en dehors. *Jumeau supérieur* vient de

l'épine sciatique; *jumeau inférieur*, de l'ischion; le tendon unique s'attache au grand trochanter.

Obturateurs (interne (fig. 84) et *externe* (fig. 83). — Muscles aplatis triangulaires se fixent sur les deux faces de la membrane obturatrice, et en bas au grand trochanter.

Carré crural (fig. 85). — Quadrangulaire; s'insère en dedans à l'ischion, en dehors à la crête qui sépare le grand du petit trochanter.

Mouvement de la jambe.

Biceps fémoral (ou crural) (fig. 86). — Divisé supérieurement en deux portions comme le biceps du bras; il est situé

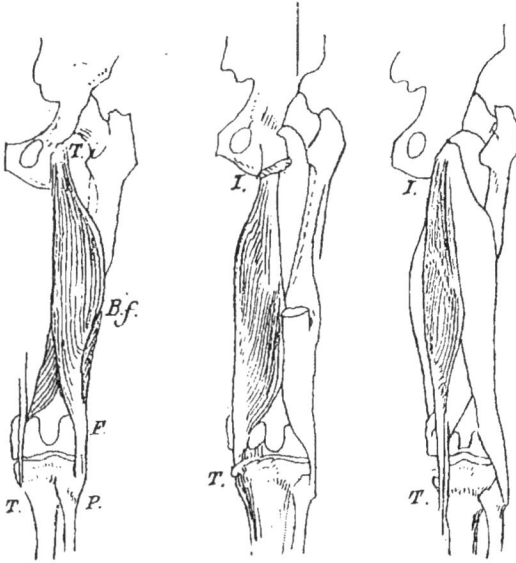

Fig 86 — Biceps fémoral. Fig. 87. — Demi-membraneux Fig. 88. — Demi-tendineux.

à la partie postérieure de la cuisse. Il s'insère en haut par sa longue portion à la tubérosité de l'ischion et par sa courte portion à la ligne âpre du fémur; le tendon inférieur s'attache à la tête du péroné.

Demi-membraneux (fig. 87), *demi-tendineux* (fig. 88). — Muscles situés à la partie postérieure et interne de la cuisse;

partent de l'ischion et s'attachent à la patte d'oie et à la tubérosité interne du tibia.

Poplité (fig. 89). — Occupe le creux du jarret; s'insère en

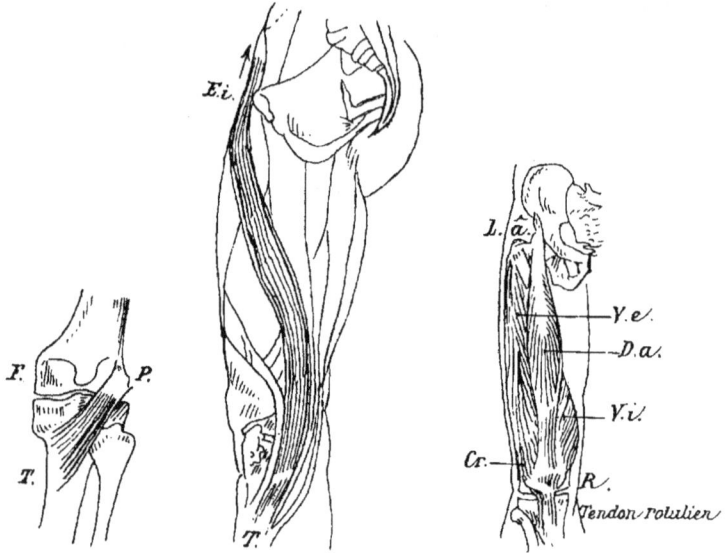

Fig. 89. — Poplité.   Fig. 90. — Couturier.   Fig. 91. — Quadriceps crural.

haut à la tubérosité externe du fémur, en bas à la face postérieure du tibia.

Couturier (fig. 90). — Le plus long des muscles du corps; situé diagonalement sur la cuisse qu'il croise de dehors en dedans. S'insère en haut à l'épine iliaque antérieure, en bas à la face interne du tibia.

Quadriceps crural (ou *fémoral*) (fig. 91). — Dénomination sous laquelle l'on comprend le *droit antérieur* de la cuisse, et le muscle *triceps* (qui comprend lui-même un muscle *vaste externe*, un muscle *vaste interne* et un *muscle crural*).

Droit antérieur (fig. 91 et 74). — Déjà vu.

Vaste externe (fig. 91). — S'insère à la lèvre externe de la ligne âpre.

Vaste interne (fig. 91). — S'insère à la lèvre interne de la ligne âpre.

Crural (fig. 91). — Compris entre les deux précédents; s'insère à la face antérieure et à la face externe du fémur.

Les tendons réunis des quatre muscles vont s'insérer à la base et aux côtés de la rotule et par celle-ci à la tubérosité antérieure du tibia.

Mouvement du pied.

Jambier antérieur (fig. 92). — Prismatique et quadrangulaire dans sa partie supérieure, tendineux dans sa partie inférieure, il s'étend de la tubérosité externe du tibia au premier cunéiforme et au premier métatarsien.

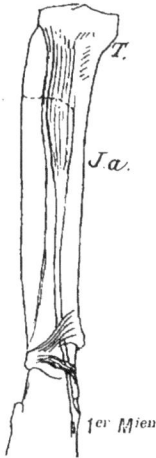

Fig. 92. — Jambier antérieur. Fig. 93. — Jambier postérieur.

Jambier postérieur (fig. 93). — A la région postérieure de la jambe; s'insère en haut à la face postérieure du tibia et au bord interne du péroné; en bas, son tendon va s'attacher au scaphoïde.

Extenseur commun des orteils (fig. 94). — A la région externe de la jambe; s'insère en haut à la tubérosité externe du tibia et à la face interne du péroné; en bas subdivisé en quatre tendons qui s'attachent aux 2°, 3°, 4° et 5° orteils.

Triceps sural (fig. 95). — Constitue une masse musculaire

considérable, étendue du fémur et des deux os de la jambe
à l'extrémité postérieure du calcanéum. Détermine la saillie
du mollet et est formée de trois muscles : deux superficiels,

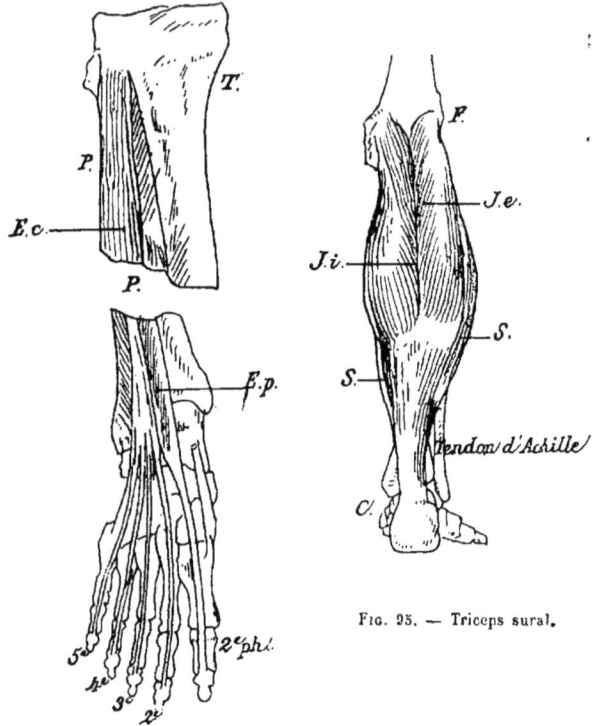

Fig. 94. — Extenseur commun.
Extenseur propre.

Fig. 95. — Triceps sural.

les *jumeaux;* un troisième profond, le *soléaire.* Les trois muscles aboutissent à un tendon commun, le *tendon d'Achille.*

Jumeaux (fig. 95). — Se détachent des condyles fémoraux.

Soléaire (fig. 97). Sous-jacent aux jumeaux; naît des deux
os de la jambe.

Long péronier latéral (fig. 99). — S'étend de la face externe de la jambe sous la plante du pied; s'insère en haut
au péroné, en bas par son tendon au premier métatarsien.

Court péronier latéral (fig. 96 et 99). — Sous-jacent au

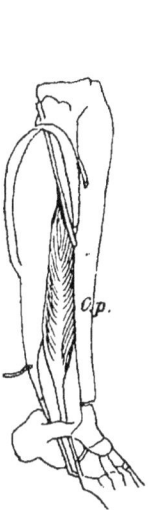

FIG. 96. — Court péronier latéral.

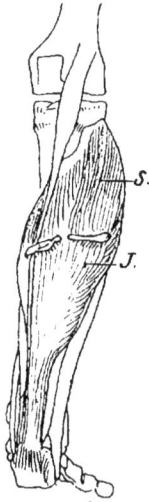

FIG. 97. — Soléaire.

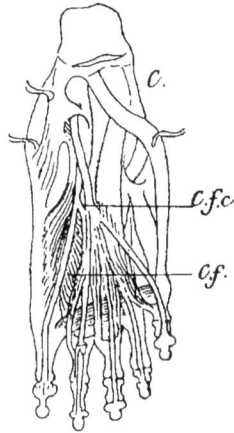

FIG. 98. — Fléchisseur commun.

muscle précédent; s'insère en haut au péroné, en bas au 5ᵉ métatarsien; antagoniste des jambiers.

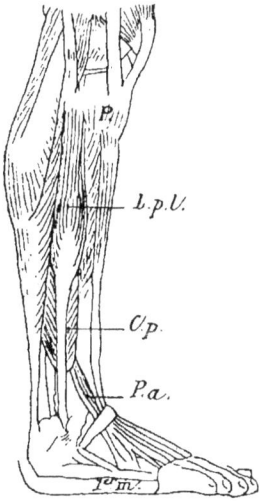

FIG. 99. — Long péronier latéral. Court péronier latéral. Péronier antérieur.

FIG. 100. — Pédieux.

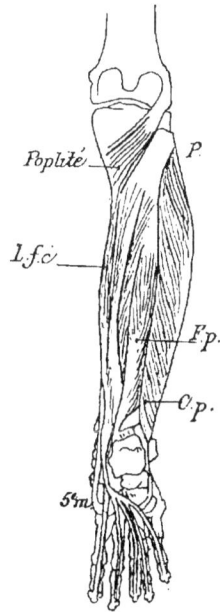

FIG. 101. — Long fléchisseur commun. Fléchisseur propre. Court péronier.

Péronier antérieur (fig. 99). — Se détache du péroné pour aller s'attacher par un tendon sur le 5ᵉ métatarsien.

Mouvement des orteils.

Long fléchisseur commun des orteils (fig. 101). — Situé à la partie postérieure de la jambe; s'insère en haut à la face postérieure du tibia, en bas en quatre portions qui vont s'attacher aux phalangettes des quatre derniers orteils.

Court fléchisseur commun des orteils (fig. 98). — A la plante du pied; s'insère en arrière au calcanéum, se divise en quatre tendons qui s'attachent aux phalangines des quatre derniers orteils.

Long fléchisseur propre du gros orteil (fig. 101). — A la région postérieure de la jambe; s'insère en haut à la face postérieure du péroné, en bas à l'extrémité postérieure de la phalangette du gros orteil.

Extenseur propre du gros orteil (fig. 94). — Mince et allongé; charnu en haut, tendineux en bas; s'étend de la partie moyenne du péroné à la seconde phalange du gros orteil.

Pédieux (fig. 100) (ou *court extenseur commun des orteils*). — Situé au cou-de-pied, court et aplati; s'insère en arrière dans une fosse formée par le calcanéum et l'astragale; divisé en avant en quatre tendons qui vont aboutir aux quatre premiers orteils.

Mouvement d'inspiration.

Diaphragme (fig. 102 et 105). — Muscle large en forme de dôme, constituant une cloison qui sépare la cavité abdominale de la cavité thoracique. Le centre du dôme diaphragmatique est tendineux (*centre phrénique*). Ses bords s'attachent en avant au sternum, sur les côtés au bord inférieur du thorax; en arrière par des piliers fibreux sur la dernière côte et les vertèbres lombaires.

Intercostaux. — Comblent l'espace existant entre les côtes;

ils sont soit internes, soit externes. S'insèrent au bord des deux côtés qui limitent l'espace intercostal.

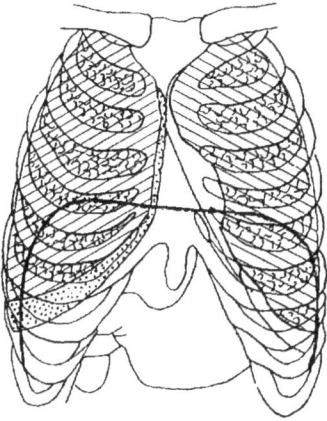

FIG. 102. — Schéma des rapports du diaphragme.

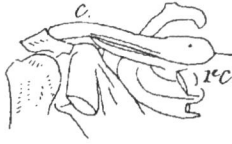

FIG. 103. — Sous-clavier.

Sous-clavier (fig. 103). — S'insère en haut à la clavicule, en bas à la 1re côte.

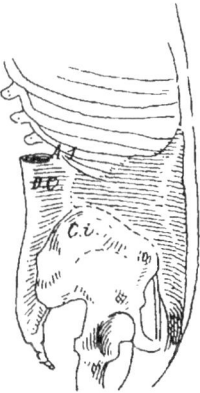

FIG. 104. — Transvorse de l'abdomen.

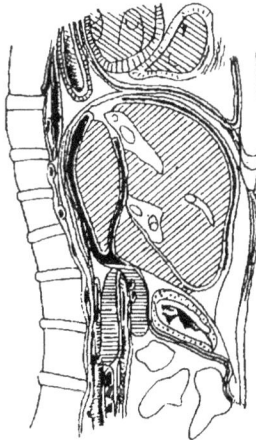

FIG. 105. — Rapports du diaphragme (coupe sagittale médiane).

Mouvement d'expiration.

Transverse de l'abdomen (fig. 104). — S'insère en arrière :
aux dernières côtes; aux apophyses transverses lombaires;
à la crête iliaque.

De là naissent des fibres qui se portent directement en
avant en entourant les viscères abdominaux comme d'une
sangle contractile. Les fibres des deux muscles deviennent
tendineuses en avant et s'imbriquent sur la ligne médiane.

Triangulaire du sternum (fig. 106). — Court et aplati, en

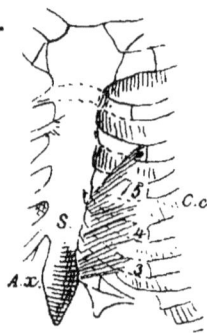

Fig. 106. — Triangulaire du sternum.

grande partie tendineux sur les parties latérale et inférieure
du sternum; a la forme d'un petit triangle.

S'insère à l'appendice xyphoïde et à la partie inférieure
latérale du sternum et par quatre digitations aux 3e, 4e, 5e
et 6e cartilages costaux.

RÉSUMÉ DES MUSCLES

Les MUSCLES, en se contractant, mettent les os en mouvement; leur ensemble constitue la chair (viande).

Ils sont formés de *fibres* qui peuvent se raccourcir et sont fixés à deux
extrémités dont l'une est mobile.

Les muscles se développent par *l'action ;* ils s'atrophient par *l'inaction.*

Il y a deux espèces de muscles : les *muscles volontaires* ou *striés* et les
muscles involontaires ou *lisses.* Ils sont dits *congénères* ou *antagonistes.*

Suivant leurs actions, on les classe en *adducteurs, abducteurs; élévateurs, abaisseurs; constricteurs, dilatateurs; fléchisseurs, extenseurs; pronateurs, supinateurs,* etc...

Ils tirent leurs noms particuliers de leur *fonction*, de leur *forme*, de leur *constitution*, de leur *volume*, etc.

Les muscles sont engainés dans des *aponévroses* (enveloppe). Ils sont généralement fixés aux os par des *tendons*. — Ils sont en quelque sorte *emballés* dans un tissu dit *conjonctif* qui comble tous les vides.

Les principaux muscles, ainsi que leurs actions sont les suivants :

ACTIONS.	NOMENCLATURE.	MUSCLES DÉJA VUS.
1° Mouvements de la colonne vertébrale.		
Vertèbres dorsales. { Extension....	*Long dorsal*	
Flexion laté-rale.......	*Sacro-lombaire* (ou ilio-costal)	Long dorsal.
Rotation.....	*Transversaire épineux du dos*	
Vertèbres lombaires. { Flexion.....	*Grand droit de l'abdomen*	
....	*Grand oblique,*	
....	*Petit oblique*	Sacro-lombaire; long dorsal.
Extension....	*Epi-épineux*	
Flexion laté-rale.......	*Carré des lombes*	
Rotation.....		Transversaire épineux du dos.
2° Mouvements de la tête.		
Vertèbres cervicales. { Flexion.....	*Sterno - cleido - mastoïdien*	
Extension....	*Trapèze*	
....	*Grand complexus*	
....	*Petit complexus*	
....	*Grand droit et petit droit*	
....	*Splénius*	
Flexion laté-rale.......	*Scalènes..*	Grand et petit complexus, splénius.
Rotation.....	*Grand oblique de la tête.*	Sterno-cleido-mastoïdien, splénius.
3° Mouvements de l'épaule.		
Totalité..... { Élévation....	*Rhomboïde, grand dentelé*	Trapèze.
Abaissement..	*Grand dorsal*	Trapèze.
....	*Petit pectoral*	
Projection en avant......	*Grand pectoral*	Petit pectoral, grand dentelé.
Projection en arrière.....	*Angulaire de l'omoplate.*	Trapèze, rhomboïde.
Circumduction		Les muscles ci dessus.

ACTIONS.	NOMENCLATURE.	MUSCLES DÉJA VUS.

4° Mouvements du bras.

Humérus sur omoplate {	Flexion (en avant)...... *Deltoïde......*	
	.... *Coraco-brachial*........	
	Extension (en arrière).... *Grand rond*...........	Deltoïde, grand dorsal.
	Elévation (ab-duction).... *Sus-épineux*...........	Deltoïde.
	Abaissement (adduction). *Petit rond*...............	Pectoraux, grand dorsal, grand rond.
	Rota-tion. { en dehors *Sous-épineux*..........	Petit rond.
	en dedans *Sous-scapulaire*........	Grand dorsal, grand rond.

5° Mouvements de l'avant-bras

Avant-bras sur bras. {	Flexion...... *Biceps brachial*........	
	Extension.... *Triceps brachial*.......	
	Pronation.... *Rond pronateur, carré pronateur*...........	
	Supination... *Long supinateur*.......	

6° Mouvements de la main.

Main sur avant-bras. {	Flexion...... *Grand palmaire*........	
	Extension.... *1er et 2e radiaux externes* *Cubital postérieur*......	
	Abduction....	*1er et 2e radiaux externes.*
	Adduction.... *Cubital antérieur*.......	

7° Mouvements des doigts.

Flexion. {	1re phalange sur méta-carpiens..	
	du pouce.. *Muscles thénariens*.....	
	du petit doigt.... *Muscles hypothénariens.*	
	2e phalan-ge sur 1re. *Fléchisseur sublime*....	
	3e phalan-ge sur 2e. *Fléchisseur commun profond*.............	
	2e phalange du pouce sur 1re *Fléchisseur propre du pouce*...............	
Extension. {	1re phalange sur métacar-piens.... *Extenseurs*............	
	2e et 3e pha-langes sur 1re....... *Lombricaux*............	Interosseux.

Interosseux........... (for the 1re phalange sur métacarpiens row)

ACTIONS.	NOMENCLATURE.	MUSCLES DEJA VUS.

8° Mouvements de la cuisse.

Flexion	*Psoas iliaque..........*	
Extension....	*Grand fessier..........*	
Abduction	*Moyen fessier : petit fessier...............*	Grand fessier.
Adduction....	*Les 3 adducteurs.......* *Pectiné...............* *Droit interne..........*	
Rota-tion. { en dehors en dedans	*Carré crural..........*	Moyen fessier, petit fessier).

9° Mouvements de la jambe.

Flexion	*Biceps crural,..........*	
Extension	*Quadriceps crural......*	

10° Mouvements du pied.

Flexion	*Jambiers antérieurs et postérieurs..........*	
Extension	*Triceps sural..........*	
Abduction....	*Long et court péroniers latéraux.............*	
Adduction....	....	Jambiers antérieur et postérieur.

11° Mouvements des orteils.

Flexion	*Long et court fléchisseurs communs......* *Long fléchisseur du gros orteil...............*	
Extension....	*Extenseur commun des orteils...............* *Extenseur propre du gros orteil..........* *Pédieux............*	

12° Mouvements respiratoires.

Inspiration...	*Diaphragme, intercostaux..............* *Sous-clavier..........*	Sterno-cleido-mastoïdien; scalènes. Grand dorsal; petit pectoral; grand dentelé.
Expiration ...	*Transverse de l'abdomen* *Triangulaire du sternum ....*	Obliques, grand droit.

13° Mouvements abdominaux.

Compression .	....	Obliques, transverse, grand droit.

Les caractères généraux de ces muscles et leurs insertions sont les suivants :

Long dorsal (1). — Fait partie de la *masse commune* (avec *sacro-lombaire* et *transversaire épineux*) ; confondu d'abord avec sacro-lombaire, s'en sépare vers la 12e côte et monte jusqu'à la 2e.

Sacro-lombaire (2). — Appelé aussi *ilio-costal* ; va de l'os iliaque à l'apophyse transverse des dernières cervicales ; un des trois de la *masse commune*.

Transversaire épineux (3). — Un des muscles de la *masse commune*. — Va du sacrum à l'axis ; porte le nom de *transversaire du dos*, à hauteur des dorsales.

Grand droit de l'abdomen (4). — Long ruban s'étendant des cartilages des 5e, 6e et 7e côtes au pubis.

Grand oblique (5). — Large ; forme avec *petit oblique* et *transverse* la paroi latérale de l'abdomen ; s'insère en haut aux huit dernières côtes, en bas à l'os iliaque.

Petit oblique (6). — Sous-jacent ou *grand oblique* ; s'insère en haut aux cartilages des dernières côtes, en bas à l'os iliaque.

Epi-épineux (7). — A côté des faisceaux internes du long dorsal ; lui est intimement uni par son bord externe ; est rattaché au long dorsal par la plupart de nos auteurs.

Carré des lombes (8). — Muscle aplati, quadrilatère ; sur les parties postérieures de l'abdomen ; s'insère en haut à la dernière côte, en bas à la crête iliaque.

Sterno-cleido-mastoïdien (9). — Muscle long, s'attachant en haut à l'apophyse mastoïde, en bas au sternum et à la clavicule.

Trapèze (10). — Large, triangulaire ; s'attachant d'une part aux cervicales et aux dorsales et de l'autre à l'épaule (clavicule et omoplate).

Grand complexus (11). — Muscle aplati ; s'insère en haut à l'occipital, en bas aux apophyses transverses des premières dorsales.

Petit complexus (12). — Appliqué contre le *grand complexus* ; s'insère en haut à l'apophyse mastoïde, en bas aux dernières cervicales.

Grand droit postérieur (13) (ou *occipito-axoïdien*). — Triangulaire, aplati ; va de l'axis à la courbe inférieure de l'occipital.

Petit droit postérieur (13) (ou *occipito-atloïdien*). — Va de l'apophyse épineuse de l'atlas à la ligne occipitale inférieure.

Splénius (14). — A la partie postérieure du cou ; s'insère en haut à l'occipital, en bas aux apophyses épineuses des cervicales et des dorsales.

Scalènes (15). — Sur les côtés du cou ; vont des vertèbres cervicales aux premières côtes.

Grand oblique de la tête (16). — A la région supérieure et latérale du cou ; s'insère en haut à l'atlas, en bas à l'axis.

Rhomboïde (17). — Large, mince, en forme de losange, à la région postérieure du cou ; va du bord interne de l'omoplate aux dernières cervicales et premières dorsales.

Grand dentelé (18). — Sur les parties latérales du thorax ; s'insère aux dix premières côtes et au bord interne de l'omoplate.

Grand dorsal (19). — Très large, aplati ; s'insère en dedans aux dernières dorsales, aux lombaires et au sacrum ; en bas aux dernières côtes et à la crête iliaque.

Petit pectoral (20). — Large, aplati, triangulaire ; s'insère en bas à la face antérieure des 3e, 4e et 5e côtes ; en haut à l'apophyse coracoïde.

Grand pectoral (21). — Large, aplati, triangulaire ; s'étend de la clavicule, du sternum et des six premiers cartilages costaux, à la coulisse bicipitale de l'humérus.

Angulaire de l'omoplate (22). — Gros faisceau musculaire; allant des transverses des quatre premières cervicales à l'angle de l'omoplate.

Deltoïde (23). — Entoure le moignon de l'épaule; triangulaire; va de l'humérus à l'omoplate et à la clavicule.

Coraco-brachial (24). — A la partie supérieure et interne du bras; va de l'apophyse coracoïde au milieu du bord interne de l'humérus.

Grand rond (25). — A la partie postérieure et inférieure de l'épaule; s'étend de la coulisse bicipitale à l'angle inférieur de l'omoplate.

Sus-épineux (26). — Epais et triangulaire; s'insère d'une part à la partie supérieure et externe de l'omoplate, de l'autre à la tête de l'humérus.

Petit rond (27). — Au-dessous du sous-épineux; aplati et allongé; s'insère en dedans à la fosse sous-épineuse, en dehors à la tubérosité de l'humérus.

Sous-épineux (27). — Epais, aplati, triangulaire; s'insère d'une part à la fosse sous-épineuse; de l'autre à la grosse tubérosité de l'humérus.

Sous-scapulaire (39). — Epais et triangulaire; occupe la fosse sous-scapulaire et s'insère en dehors à la petite tubérosité de l'humérus.

Biceps brachial (29). — Couvre la face antérieure de l'humérus; va de l'épaule au radius.

Triceps brachial (31). — Couvre la face postérieure de l'humérus; s'insère en haut sous la cavité glénoïde et à l'humérus, en bas à l'olécrâne.

Rond pronateur (28). — Forme la saillie du pli du coude; s'insère en haut à l'épithroclée, au cubitus; en bas à la face externe du radius.

Carré pronateur (30). — Quadrilatère, large, à la partie inférieure de l'avant-bras; s'insère au cubitus et au radius.

Long supinateur (32). — Forme la saillie externe du pli du coude; s'insère en haut à l'humérus, en bas au radius.

Grand palmaire (33). — S'insère en haut à l'épithroclée, en bas au 2e métacarpien.

Premier radial externe (34). — Au-dessous du long supinateur; s'insère à la partie inférieure de l'humérus et en bas au 2e métacarpien.

Deuxième radial externe (35). — S'insère en haut à l'épicondyle, en bas à la base du 3e métacarpien.

Cubital postérieur (36). — S'insère en haut à l'épicondyle, en bas au 5e métacarpien (extrémité supérieure).

Interosseux (37, 38). — Remplissent les espaces intermétacarpiens; divisés en *interosseux dorsaux* et *interosseux palmaires*.

Muscles thénariens (43). — Au nombre de quatre : *court abducteur du pouce* (43), *opposant* (43), *court fléchisseur* (43) et *adducteur* (43).

Muscles hypothénariens (43) — Au nombre de quatre : *palmaire cutané* (43), *abducteur du petit doigt* (43), *court fléchisseur* (43) et *opposant* (43).

Fléchisseur sublime (40) (ou *fléchisseur superficiel des doigts*). — Va de la tubérosité interne de l'humérus à la 2e phalange des quatre derniers doigts.

Fléchisseur profond des doigts (41). — Allongé, aplati, divisé inférieurement en quatre portions qui se terminent chacune par un tendon.

Long fléchisseur propre du pouce (40). — Charnu supérieurement, tendineux inférieurement; va du radius à la deuxième phalange du pouce.

Extenseurs. — Huit muscles : *extenseur commun des doigts* (42); *extenseur propre du petit doigt* (44); *cubital postérieur* (36); *anconé* (36); *long abducteur du pouce* (44), *court extenseur du pouce* (42), *long extenseur du pouce* (44), *extenseur propre de l'index* (44).

Lombricaux (41). — Muscles grêles au nombre de quatre. Vont des tendons du fléchisseur profond au côté radial du tendon extenseur de chaque doigt.

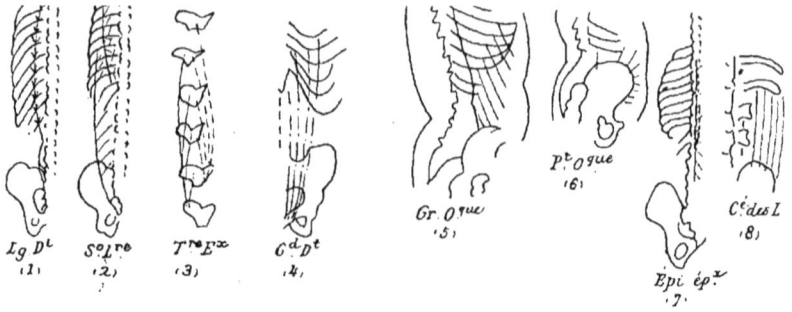

Lg D^l
(1)

S^ol^{re}
(2)

T^{re}Ex
(3)

G^dp^t
(4)

Gr. O^{que}
(5)

P^t O^{que}
(6)

Epi ép.^x
(7)

C^édus L
(8)

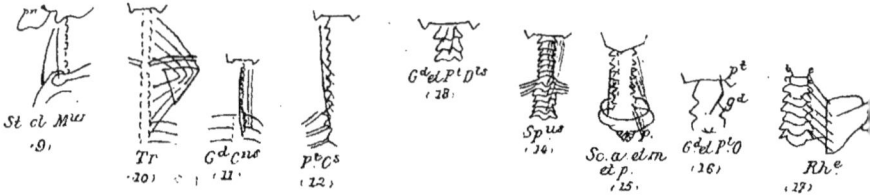

St cl Mu^s
(9)

Tr
(10)

G^dcu^x
(11)

p^tCs
(12)

G^del P^tD^{ts}
(13)

Sp^{us}
(14)

Sc. a et m
et p.
(15)

G^d el P^tO
(16)

Rh^e
(17)

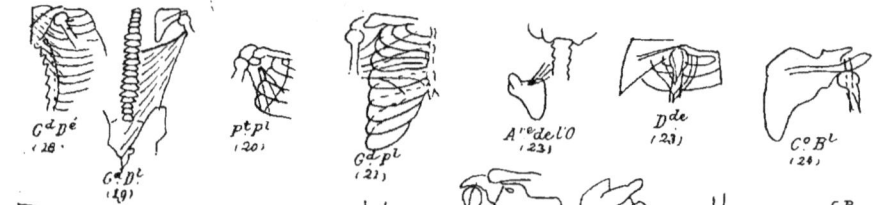

G^dp^é
(18)

G^dD^t
(19)

p^tp^t
(20)

G^dp^t
(21)

A^{re}del'O
(22)

D^{de}
(23)

C^oB^l
(24)

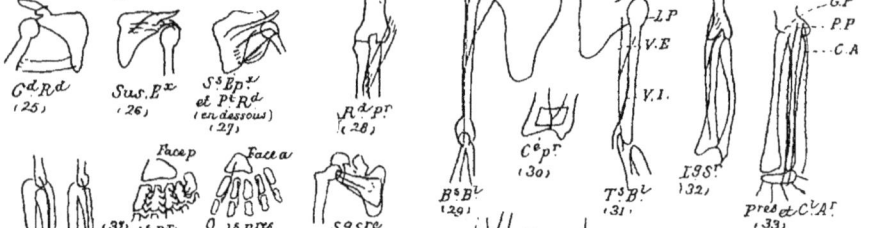

G^dRd
(25)

Sus.E^x
(26)

S^sEp^x
et Pt Rd
(en dessous)
(27)

R^dp^r
(28)

C^op^r
(30)

B^sB^l
(29)

T^sB^l
(31)

L.P
V.E
V.I
(32)

G.P
P.P
C.A
Pres et C^tA^t
(33)

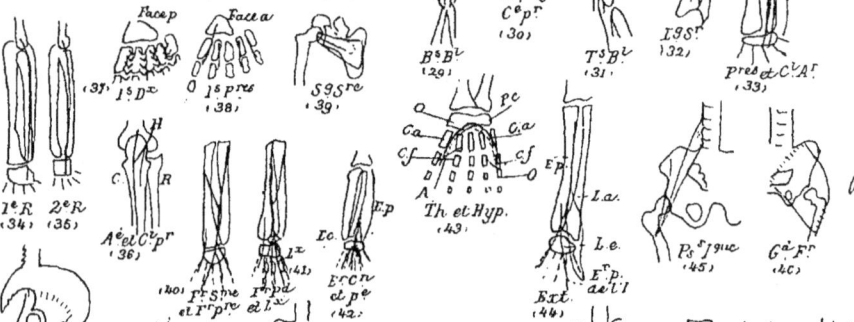

1^{er}R
(34)

2^eR
(35)

Face p
(37)

Face a

1^sD^x
(38)

S gS^{re}
(39)

A^eel C^tp^r
(36)

H
R
(ho)
F^rS^{re}
et L^rp^{re}

1^x
(41)

L^rp^d
et L^x

L^o
E^rcⁿ
et p^e
(42)

Ga
Cf
A
Th.el Hyp.
(43)

p^e
Ga
Cf
E^p
La.
Le.
E^rp.
del'I
Ext.
(44)

Ps^sQue
(45)

G^aF^r
(46)

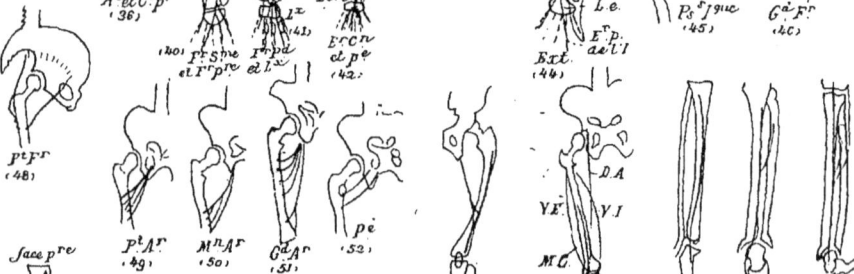

p^tF^r
(48)

P^tA^r
(49)

MⁿA^r
(50)

G^dA^r
(51)

p^e
(52)

D.A
V.E
V.I
M.G

J^rA^r
(55)

J^rp^r
(56)

T^sS^l
(57)

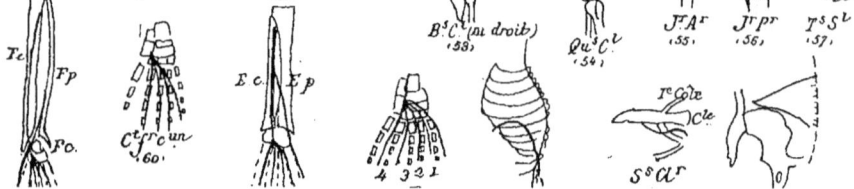

face p^{re}

Tc
Fp
Fo.

C^tr^r un
(60)

E c F p

4 3 2 1

B^sC^l (m droit)
(53)

Qu^sC^l
(54)

1^{re}C^{ôte}
Cl^e

S^sC^r

O^s

Psoas iliaque (45). — Naît *psoas* des vertèbres lombaires, iliaque de la fosse iliaque. Leur tendon commun s'attache au petit trochanter.

Grand fessier (46). — Quadrilatère, très épais, forme la saillie de la fesse, va de l'os iliaque de la crête sacrée et du coccyx au fémur.

Moyen fessier (48). — Plus profond que le précédent ; s'insère en haut à l'os iliaque, en bas au grand trochanter.

Petit fessier (48). — Le plus profond des fessiers ; s'insère à la fosse iliaque externe, et en bas au grand trochanter.

1er, 2e et 3e adducteurs (49, 50, 51). — Aplatis, triangulaires, superposés ; s'insèrent le 1er et le 2e au pubis, le 3e à l'ischion ; en bas au fémur.

Pectiné (52). — A la région interne de la cuisse ; mêmes insertions que le 1er adducteur.

Droit interne. — Comme le pectiné.

Carré crural (54). — Quadrangulaire ; s'insère en dedans à l'ischion, en dehors à la crête qui sépare les deux trochanters.

Biceps crural (53). — Divisé supérieurement en deux parties ; s'insère en haut à la tubérosité ischiatique et au fémur, en bas au péroné.

Quadriceps crural (54). — Formé par *droit antérieur* et *muscle triceps (vaste externe, vaste interne et crural).* — *Droit antérieur* s'insère à l'os iliaque par deux tendons. — *Vaste externe* à la ligne âpre. — *Vaste interne* à la ligne âpre. — *Crural* au fémur. — Les tendons réunis des quatre muscles au tibia par la rotule.

Jambier antérieur (55). — S'étend de la tubérosité externe du tibia au 1er cunéiforme et au 1er métatarsien.

Jambier postérieur (56). — S'insère en haut à la face postérieure du tibia et au péroné ; en bas, son tendon s'attache au scaphoïde.

Triceps sural (57). — Formé par trois muscles : les deux *jumeaux* et le *soléaire;* détermine la saillie du mollet. Ces trois muscles aboutissent au *tendon d'Achille.* — *Jumeaux,* se détachent des condyles fémoraux. — *Soléaire* naît des deux os de la jambe.

Long péronier latéral (58). — S'insère en haut au péroné, en bas par son tendon au 1er métatarsien.

Court péronier latéral (58). — Sous-jacent au précédent. — S'insère en haut au péroné, en bas au 5e métatarsien.

Long fléchisseur commun (59). — S'insère en haut à la face postérieure du tibia, en bas en quatre portions qui s'attachent aux phalangettes des quatre derniers orteils.

Court fléchisseur commun (60). — A la plante du pied ; s'insère au calcanéum et par quatre tendons s'attache aux phalangines des quatre derniers orteils.

Long fléchisseur du gros orteil (59). — S'insère en haut au péroné, en bas à la phalangette du gros orteil.

Extenseur commun des orteils (61). — Allongé, charnu et aplati, divisé en quatre tendons en bas ; situé en dehors de l'extenseur propre du gros orteil.

Extenseur propre du gros orteil (61). — Mince et allongé ; s'étend de la partie moyenne du péroné à la 2e phalange du gros orteil.

Pédieux (62) (ou *court extenseur commun).* — Au cou de pied ; s'insère dans une fosse formée par calcanéum et astragale ; divisé en avant en quatre tendons qui vont aboutir aux quatre premiers orteils.

Diaphragme (63). — Muscle constituant cloison qui sépare cavité abdominale de cavité thoracique ; s'attache au sternum, au thorax, sur la dernière côte et aux vertèbres lombaires.

Sous-clavier (64). — S'insère en haut à la clavicule, en bas à la première côte.

Transverse de l'abdomen (65). — Entoure les viscères abdominaux comm d'une sangle contractile.

Triangulaire du sternum (66). — S'insère à l'appendice xyphoïde, à partie inférieure du sternum et par quatre digitations aux 3ᵉ, 4ᵉ, 5ᵉ et cartilages costaux.

CLASSEMENT DES MUSCLES PAR RÉGION (1).

(Planches II et III.)

Muscles du cou.

§ 1. — *Région cervicale superficielle.*

Sterno-cléido-mastoïdien.

§ 2. — *Région prévertébrale.*

Grand droit antérieur.
Petit droit antérieur.
Long du cou.

§ 3. — *Région cervicale latérale.*

Scalènes.
Intertransversaires du cou.

Muscles de la partie postérieure du tronc.

§ 1. — *Région lombo-occipitale.*

Trapèze.
Grand dorsal.

§ 2. — *Région dorso-cervicale.*

Rhomboïde.
Angulaire.

§ 3. — *Région cervico-occipitale superficielle.*

Splénius.
Transversaire.
Petit complexus.
Grand complexus.

(1) D'après Sappey.

§ 4. — *Région cervico-occipitale profonde.*

> Grand droit postérieur de la tête.
> Petit droit postérieur de la tête.
> Grand oblique de la tête.
> Petit oblique de la tête.

§ 5. — *Région vertébrale ou spinale.*

> Masse commune.
> Sacro-lombaire.
> Long dorsal.
> Epi-épineux.
> Transversaire épineux.

Muscles de l'abdomen.

§ 1. — *Région antéro-latérale.*

> Grand oblique de l'abdomen.
> Petit oblique de l'abdomen.
> Transverse de l'abdomen.
> Grand droit de l'abdomen.

§ 2. — *Région thoraco-abdominale.*

> Diaphragme.

§ 3. — *Région lombo-iliaque.*

> Psoas iliaque.
> Carré des lombes.
> Intertransversaire des lombes.

Muscles du thorax.

§ 1. — *Région thoracique antéro-latérale.*

> Grand pectoral.
> Petit pectoral.
> Sous-clavier.
> Grand dentelé.

§ 2. — *Région pariétale.*

> Intercostaux.
> Sur et sous-costaux.
> Triangulaire du sternum.

Muscles de l'épaule.

§ 1. — *Région scapulaire superficielle.*

Deltoïde.

§ 2. — *Région scapulaire profonde.*

Sous-scapulaire.
Sus-épineux.
Sous-épineux.
Petit rond.
Grand rond.

Muscles du bras.

§ 1. — *Région brachiale antérieure.*

Biceps brachial.
Coraco-brachial.
Brachial antérieur.

§ 2. — *Région brachiale postérieure.*

Triceps brachial.

Muscles de l'avant-bras.

§ 1. — *Région antibrachiale antérieure et superficielle.*

Rond pronateur.
Grand palmaire.
Petit palmaire.
Cubital antérieur.

§ 2. — *Région antibrachiale antérieure et profonde.*

Fléchisseur superficiel des doigts.
Fléchisseur profond des doigts.
Long fléchisseur propre du pouce.
Carré pronateur.

§ 3. — *Région antibrachiale externe ou radiale.*

Long supinateur.
Premier radial externe.
Deuxième radial externe.
Court supinateur.

§ 4. — *Région antibrachiale postérieure et superficielle.*

Extenseur commun des doigts.
Extenseur propre du petit doigt.
Cubital postérieur.
Anconé.

§ 5. — *Région antibrachiale postérieure et profonde.*

Long abducteur du pouce.
Court extenseur du pouce.
Long extenseur du pouce.
Extenseur propre de l'index.

Muscles de la main.

§ 1. — *Muscles lombricaux.*
§ 2. — *Muscles de l'éminence thénar.*
§ 3. — *Muscles de l'éminence hypothénar.*
§ 4. — *Muscles interosseux.*

Muscles du bassin.

§ 1. — *Région fessière.*

Grand fessier.
Moyen fessier.
Petit fessier.

§ 2. — *Région pelvienne inférieure.*

Pyramidal.
Obturateur interne.
Jumeaux.
Carré crural.
Obturateur externe.

Muscles de la cuisse.

§ 1. — *Région crurale postérieure.*

Biceps fémoral.
Demi-membraneux.
Demi-tendineux.

§ 2. — *Région crurale antéro-externe.*

Couturier.
Quadriceps crural.

§ 3. — *Région crurale interne.*

Droit interne.
Pectiné.
Premier ou moyen adducteur.
Second ou petit adducteur.
Troisième ou grand adducteur.

Muscles de la jambe.

§ 1. — *Région jambière antérieure.*

Jambier antérieur.
Extenseur propre du gros orteil.
Extenseur commun des orteils.
Péronier antérieur.

§ 2. — *Région jambière externe.*

Long péronier latéral.
Court péronier latéral.

§ 3. — *Région jambière postérieure et superficielle.*

Triceps sural.

§ 4. — *Région jambière postérieure et profonde.*

Poplité.
Jambier postérieur.
Long fléchisseur commun des orteils.
Long fléchisseur propre du gros orteil.

Muscles du pied.

§ 1. — *Région dorsale.*

Pédieux.

§ 2. — *Région plantaire moyenne.*

Court fléchisseur commun des orteils.

DU SYSTÉME NERVEUX

(Planches IV et V.)

Le *système nerveux* nous met en relation avec le monde extérieur, soit qu'il nous permette de recueillir et d'enregistrer les impressions du dehors et du dedans, soit qu'il nous permette de réagir sur ce monde extérieur.

On l'a comparé assez justement à un réseau télégraphique dans lequel les nerfs seraient les fils conducteurs, tandis que les organes périphériques et centraux représenteraient les appareils d'expédition et de réception des dépêches (1).

Les appareils de réception et d'élaboration des impressions constituent les *centres*. Ils sont essentiellement composés de

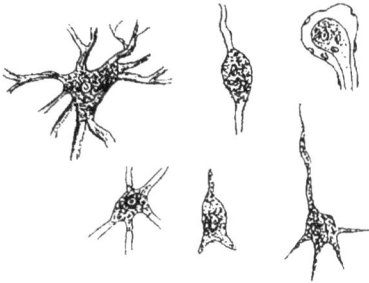

Fig. 107. — Cellules nerveuses.

cellules nerveuses ou *neurones* (fig. 107). Chaque *neurone* possède deux ordres de prolongement (fibres) qui entrent dans la composition des nerfs.

Aperçu physiologique.

Parmi ces prolongements, les uns se ramifient dans les organes des sens; ils y recueillent les *excitations* venues du

---

(1) Hédon.

dehors et les transmettent aux *centres*. Ils sont dits *centr*
pètes ou *sensitifs* (fig. 108).

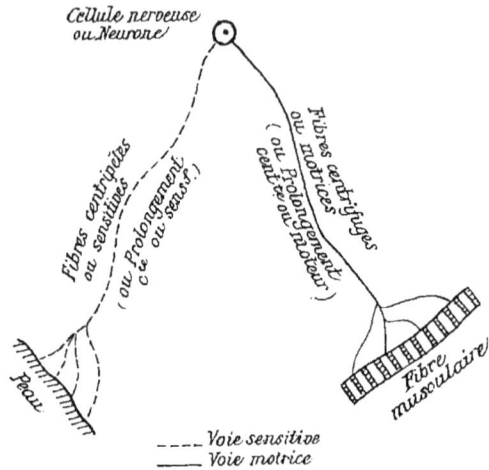

FIG. 108. — Schéma d'une cellule nerveuse (neurone) et de ses prolongements.

Les autres se ramifient dans les muscles, les glandes, etc
ils transmettent l'excitation du centre à la *périphérie; i*
sont dits *centrifuges* ou *moteurs* (cette dernière dénominatio
indiquant qu'ils déterminent, pour le plus grand nombre, l
contraction des muscles qui se manifeste par le mouvemen

Réflexe. — Une excitation partie de la *périphérie* peu
être transmise au *neurone* par le prolongement *centripète* o
sensitif, s'y réfléchir pour ainsi dire et déterminer la mis
en jeu des organes où se rend le prolongement *centrifug*
de la cellule nerveuse. Un tel acte, dans lequel n'intervien
pas la volonté, porte le nom de *réflexe* et la *voie* suivie pa
l'influx nerveux, de la surface sensitive à l'organe mis e
jeu, est nommée *arc réflexe*.

Les phénomènes qui se produisent dans le système ner
veux sont d'ordinaire plus complexes et plusieurs neurone
avec leurs prolongements entrent en action, l'*arc* formant un
chaîne à plusieurs mailles ou se compliquant de chaînon
latéraux.

Par exemple (fig. 109) le prolongement *sensitif* d'une cellul
nerveuse, étant excité à la périphérie, transmet l'excitatio

au centre, qui excite à son tour le prolongement *centrifuge;*
celui-ci, au lieu d'agir immédiatement sur un organe moteur,

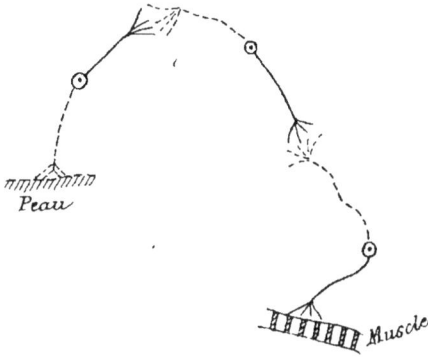

Fig. 109. — 2ᵉ Exemple.

agit sur le prolongement centripète d'une deuxième cellule
nerveuse qui réagit à son tour sur un organe moteur, soit
directement, soit par l'intermédiaire d'autres *neurones.*

Dans l'autre cas que nous avons supposé (fig. 110), le pro-

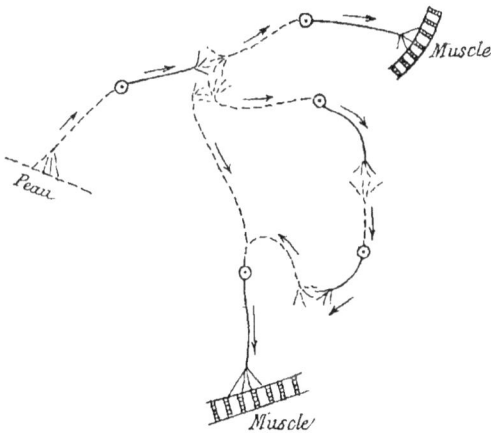

Fig. 110. — 3ᵉ Exemple.

longement *centrifuge* du neurone excité agit sur les prolongements *sensitifs* de plusieurs neurones et chacun d'eux réagit pour son compte sur les organes *moteurs.*

Ceci donne l'idée de l'infinie complexité des actions nerveuses, explique l'emmagasinement des impressions dans les cellules, explique les phénomènes de mémoire, d'association des idées, de volition, etc.

La plupart des *réflexes* ont leur centre dans la moelle; les phénomènes *intellectuels* et *volontaires* entraînent le jeu des *cellules cérébrales*.

Le *système nerveux* de l'homme est double : il comprend le *système nerveux cérébro-spinal* et le *système nerveux sympathique*.

Système cérébro-spinal.

Le *système nerveux cérébro-spinal* se compose d'une partie centrale (l'*axe cérébro-spinal* ou *système nerveux central*) et d'une partie périphérique (les *nerfs cérébro-spinaux*) (1).

L'*axe cérébro-spinal* (ou système nerveux central) comprend :

L'*encéphale* (cerveau, cervelet) (fig. 111);

La *moelle épinière* (fig. 111) et (pl. V).

Le *système nerveux périphérique* est constitué par les nerfs : les uns, purement *sensoriels* ou *sensitifs*, les autres purement *moteurs*, d'autres enfin *mixtes*, c'est-à-dire contenant un mélange de cordons sensitifs et de cordons moteurs : on peut ranger dans ce dernier groupe les *nerfs sympathiques*.

Encéphale.

L'*encéphale* est contenu dans la cavité cranienne. Sa masse principale est formée par le cerveau lui-même, composé de deux hémisphères (lobes) (fig. 111) droit et gauche réunis par un *pont* ou *commissure*. De chacun des lobes du cerveau se détache un *pilier* ou *pédoncule*.

---

(1) Suivant que les nerfs périphériques naissent de l'encéphale ou de la moelle épinière, on les appelle *nerfs cérébraux* ou *nerfs spinaux*. Les premiers sont encore appelés *nerfs craniens* et les deuxièmes *nerfs rachidiens*. (A. Van Gehuchten.)

Les *pédoncules* se réunissent en une masse commune qui prend successivement le nom d'*isthme* (fig. 111), de *moelle*

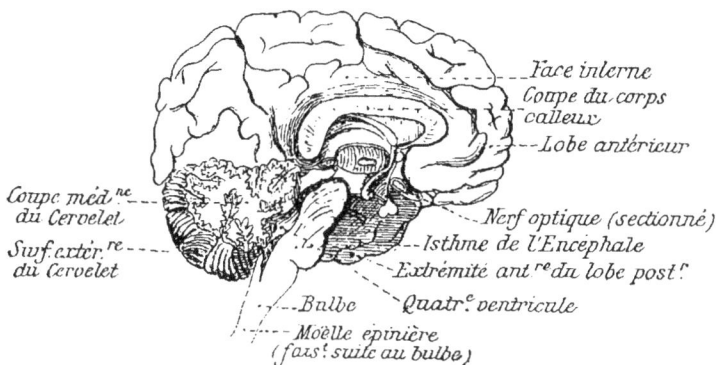

allongée et qui se continue avec la moëlle proprement dite contenue dans le *canal rachidien* (planche IV).

Au niveau de l'isthme, l'encéphale possède une dépendance nommée *cervelet* (fig. 111).

Quand on coupe le cerveau, on reconnaît sur la tranche deux substances, l'une grise, à la périphérie, formée en majeure partie de *cellules nerveuses;* l'autre, blanche, au centre, contenant surtout des *fibres nerveuses* (planche IV).

La surface du cerveau n'est point lisse chez l'homme, mais sillonnée de profonds vallons qui limitent des *circonvolutions*.

De ce fait la surface du cerveau est beaucoup plus étendue qu'elle ne paraît à première vue; le développement des circonvolutions est généralement en rapport avec celui de l'intelligence.

Cervelet (fig. 111). — Le cervelet, situé dans les fosses occipitales, est placé en arrière et au-dessous du cerveau; il est beaucoup moins volumineux que le cerveau, mais de structure analogue. Sa forme est celle d'un cœur de cartes à jouer; sa surface est parsemée de sillons parallèles. Il est également divisé en deux *segments* ou *hémisphères* et, de même que le cerveau, il est formé de substance grise et de substance blanche.

Moelle épinière (Pl. V). — La moelle épinière est une longue tige de substance nerveuse située dans le canal rachidien et rattachée par sa partie supérieure renflée à l'encéphale. Elle se termine en bas au niveau de la 2° vertèbre lombaire par un faisceau de cordons nerveux appelés *queue de cheval.* (Pl. IV.)

A l'inverse du cerveau, le centre de la moelle est formé de substance grise et la périphérie de substance blanche.

De nombreux cordons mous et blanchâtres se rendent du cerveau et de la moelle épinière dans toutes les parties du corps : ce sont les nerfs *cérébraux* et *spinaux.*

Membranes cérébrales.

L'*encéphale* et la *moelle* sont enveloppés de trois membranes appelées *méninges.*

L'une d'elles, extérieure, tapisse les cavités osseuses où sont logés les centres nerveux, c'est la *dure-mère* (fig. 112).

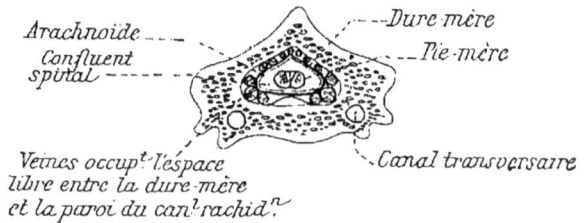

FIG. 112. — Coupe transversale de la colonne vertébrale au niveau des vertèbres cervicales inférieures.

L'ensemble constitue donc un sac dont la partie principale, crânienne, adhère aux os du crâne et dont la queue, contenue dans le canal rachidien, n'adhère pas aux vertèbres (conséquence nécessaire de la mobilité du rachis).

Les *centres nerveux* sont immédiatement recouverts par une membrane nourricière, c'est-à-dire qui contient les vaisseaux *nourriciers* : c'est la *pie-mère*, laquelle épouse fidèlement toutes les anfractuosités.

Entre le sac *dure-mère* et la *pie-mère* existe une troisième membrane destinée à faciliter les glissements du contenu sur le contenant : c'est l'*arachnoïde.* Elle recouvre le cerveau.

Des nerfs. (fig. 113).

Les *nerfs* sont des cordons blancs, soyeux et nacrés, qui partent de l'organe central pour se rendre dans toutes les régions du corps.

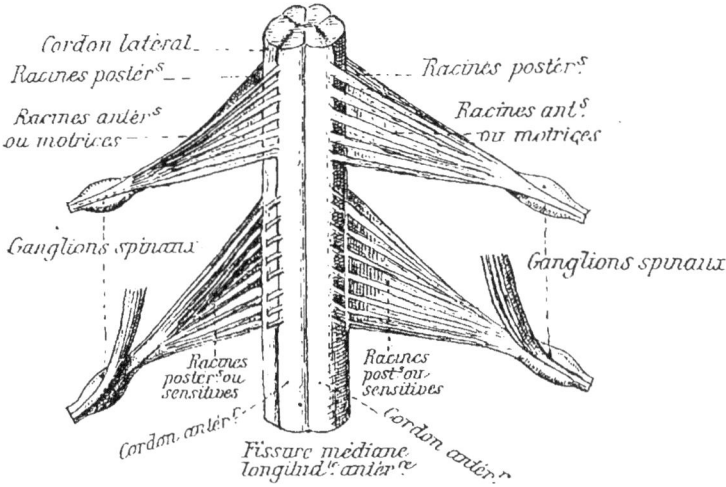

Cordon latéral
Racines postér⁵
Racines antér⁵ ou motrices
Ganglions spinaux
Racines postér ou sensitives
Cordon antér.
Fissure médiane longitud.¹ᵉ antér.ʳᵉ
Racines postér.ˢ
Racines ant.ˢ ou motrices
Ganglions spinaux
Racines post⁵ ou sensitives
Cordon antér.ʳ

Fig. 113. — Partie de la moelle thoracique.

Comme nous l'avons dit plus haut, on les divise en :

1° *Sensitifs*, nerfs dont la fonction est de transmettre aux centres les impressions extérieures;

2° *Moteurs* ou de *locomotion*, qui se rendent dans les muscles dont ils déterminent la contraction;

Et enfin, pour la plupart :

3° *Mixtes*, c'est-à-dire contenant des fibres motrices et des fibres sensitives.

Système nerveux sympathique (fig 114).

Le *système nerveux sympathique* comprend, comme le système nerveux cérébro-spinal, une partie centrale et une partie périphérique.

La partie *centrale* est formée par une série de petites masses nerveuses appelées *ganglions* situés de chaque côté

de la colonne vertébrale et formant une chaîne qui s'étend
du crâne au sacrum. Ces *ganglions* sont reliés les uns aux

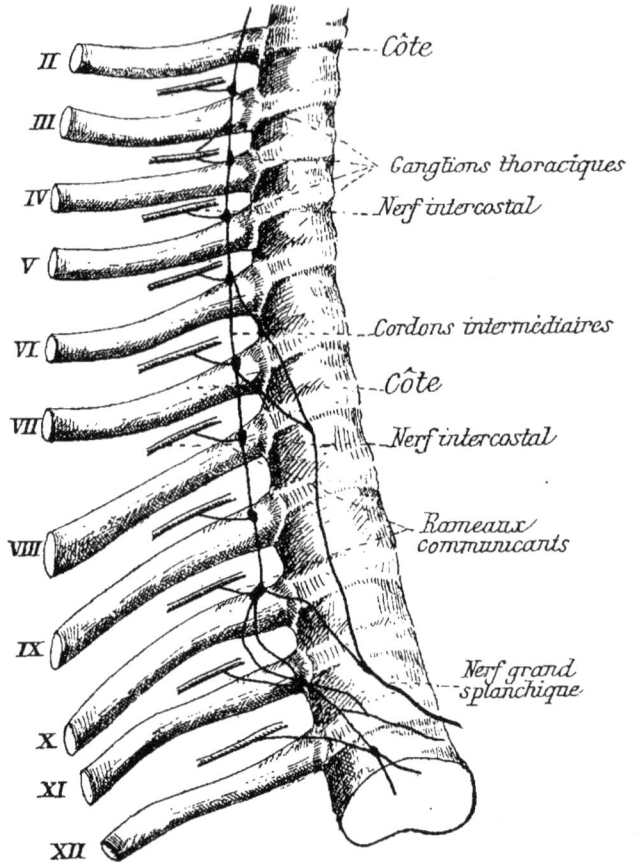

autres par des faisceaux de fibres nerveuses nommés *cordons
intermédiaires*.

De cette chaîne *ganglionnaire* ou *sympathique* partent les
nerfs périphériques qui vont se rendre soit dans les viscères
(*nerfs viscéraux*), soit dans la paroi des vaisseaux (*nerfs vasculaires*).

Ces petits centres d'action nerveuse dirigent la nutrition
et les échanges organiques (organes de la vie involontaire).

Chaque ganglion de la chaîne sympathique est en relation avec un ou plusieurs nerfs spinaux par des faisceaux de fibres nerveuses portant le nom de *rameaux communicants*.

Le système nerveux sympathique se trouve ainsi relié au système nerveux cérébro-spinal; mais les organes innervés par le premier sont, sous plusieurs rapports, indépendants du deuxième.

Bien qu'indépendant de la volonté, le grand sympathique peut participer aux impressions perçues; une émotion vive accélère les battements ou palpitations de cœur; une angoisse prolongée accélère la sécrétion de l'urine; un profond chagrin suspend la digestion; une terreur exagérée détermine une abondante évacuation alvine (diarrhée des concours, des combats, etc.).

Acte réflexe.

L'*acte réflexe* est un mouvement automatique qui se produit dans le corps à la suite d'une excitation déterminée.

Exemple : la pupille se ferme sous l'influence de la lumière trop vive; du sel dans la bouche amène l'afflux de la salive, etc.

Type de réflexe simple : le choc du tendon rotulien détermine l'extension brusque de la jambe sur la cuisse.

Type de réflexe compliqué : l'iris sous l'influence de la lumière.

D'une façon générale, tous les phénomènes de la vie organique se produisent par action réflexe.

Le *réflexe* est, en somme, un mouvement succédant à une impression; les principaux mouvements de la locomotion (marche, course, etc.) ne sont bien souvent que des mouvements réflexes qui se font sous l'influence de la moelle, en dehors du cerveau; celui-ci n'intervient que lorsqu'il faut régler les mouvements.

Le *cervelet* est surtout un centre de coordination pour les mouvements.

Nous ne sentons, nous ne pouvons déterminer de mouvements dans une partie de notre corps que si les nerfs qui aboutissent à cet organe communiquent librement avec la moelle épinière et celle-ci avec le cerveau.

Les organes des sens ont pour objet de recevoir certaines impressions des corps extérieurs et de les transmettre au cerveau par l'intermédiaire des nerfs.

Les sens sont au nombre de cinq : la vue, l'ouïe, l'odorat, le goût, le toucher.

Particularités du système nerveux (fig. 115).

C'est avec l'hémisphère cérébral droit que nous sentons les excitations portées du côté gauche du corps, et inversement.

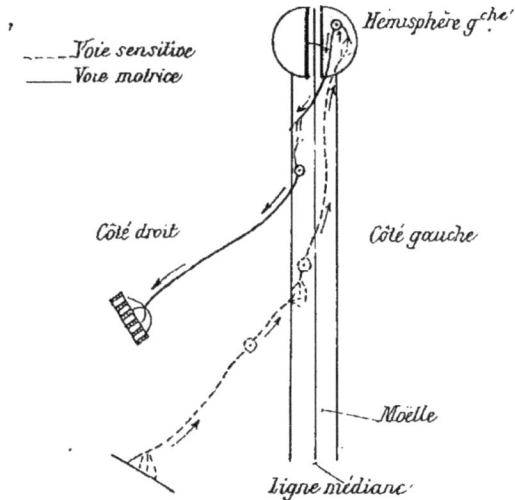

Fig. 115. — Schéma du croisement des voies.

C'est avec le cerveau gauche que nous faisons manœuvrer le côté droit du corps et inversement.

En un mot, la voie motrice centrale et la voie sensitive centrale sont croisées; les neurones de la voie sensitive sont situés dans la moelle, tandis que ceux de la voie motrice sont situés dans le cerveau.

La voie sensitive et la voie motrice périphérique sont directes; les neurones de la voie motrice sont situés dans la moelle, tandis que les neurones de la voie sensitive sont situés en dehors de la moelle, dans les ganglions rachidiens.

RÉSUMÉ DU SYSTÈME NERVEUX

Le *système nerveux* nous met en relation avec le monde extérieur.

Si l'on *veut remuer* le bras, ce ne sont pas les *muscles* du bras qui ont la *pensée*, la *volonté* de faire un mouvement; les muscles sont par eux-mêmes *inertes*, c'est-à-dire incapables d'agir. Pour qu'ils entrent en action, pour qu'ils se contractent, il est indispensable qu'une certaine force les excite. Cette force vient des *nerfs;* la pensée, la *volonté* qui met en action les nerfs vient du *cerveau.*

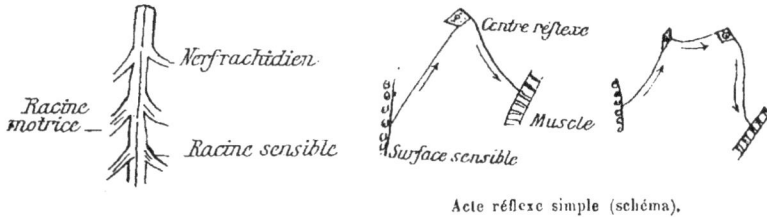

Acte réflexe simple (schéma).

Le *système nerveux* peut être comparé à un réseau télégraphique dont les nerfs seraient les fils télégraphiques et les organes périphériques et centraux représenteraient les appareils d'*expédition* et de *réception* des dépêches.

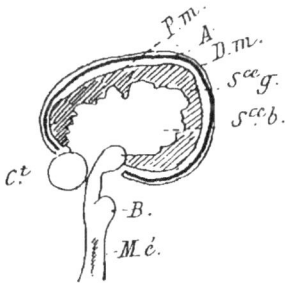

Cerveau (schéma).   Grand sympathique (schéma).

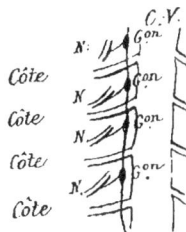

Les appareils de réception et d'élaboration des impressions constituent les *centres.* La substance nerveuse forme dans notre corps deux grandes masses ou *centres principaux :* ce sont le *cerveau* et la *moelle épinière.*

Les *centres* sont essentiellement composés de *cellules nerveuses* ou *neurones* qui possèdent deux ordres de prolongement entrant dans la composition des nerfs : les uns se ramifient dans les organes des sens, ils sont dits *sensitifs* ou *centripètes;* les autres se ramifient dans les muscles, glandes, etc., ils sont dits *moteurs* ou *centrifuges.*

On comprend, d'après cela, le *mécanisme général* du système nerveux : une excitation partie de la périphérie est transmise par le *prolongement sensitif* au centre, qui excite à son tour le *prolongement moteur;* celui-ci agit soit immédiatement sur l'organe moteur, soit sur le *prolongement moteur* d'une deuxième cellule nerveuse qui réagit à son tour sur un organe moteur ou *directement*, ou par l'*intermédiaire d'un autre neurone.*

Tandis que le *cerveau* centralise l'*intelligence* et les *sensations* de la *vue*, de l'*ouïe*, du *goût* et de l'*odorat*, la *moelle épinière* préside surtout aux *mouvements* et aux *sensations* qui ont pour siège la *peau*.

Le *système nerveux est double*. Il comprend : le *système nerveux cérébro-spinal* et le *système nerveux sympathique*.

Système cérébro-spinal.

Ce système comprend : 1° l'*axe cérébro-spinal*, composé de : l'*encéphale* et la *moelle épinière;* 2° les *nerfs cérébro-spinaux* dits ou *sensitifs*, ou *moteurs*, ou *mixtes*.

ENCÉPHALE. — Formé par le *cerveau* et le *cervelet;* est contenu dans la cavité crânienne.

Cerveau : deux hémisphères ou lobes d'où se détachent les *pédoncules* réunissant en une masse commune qui prend successivement le nom d'*isthme*, de *moelle allongée*, et se continuant par la *moelle proprement dite du canal rachidien*. — Le cerveau est composé de deux substances : l'une *grise* à la périphérie, l'autre *blanche* au centre.

Cervelet. — En arrière et au-dessous du cerveau, moins volumineux et formé également de deux substances.

MOELLE ÉPINIÈRE. — Longue tige de substance nerveuse située dans le canal rachidien, rattachée par sa partie supérieure renflée à l'encéphale; se termine, en bas, vers la deuxième vertèbre lombaire par un faisceau appelé *queue de cheval*.

Le centre est formé de substance grise et la périphérie de substance blanche: de nombreux cordons mous et blanchâtres vont du cerveau et de la moelle épinière dans toutes les parties du corps : ce sont les nerfs *cérébraux* et *spinaux*.

L'*encéphale* et la *moelle* sont enveloppées de trois membranes nommées *méninges* : une extérieure, la *dure-mère;* une intérieure, la *pie-mère;* une intermédiaire, l'*arachnoïde*.

NERFS. — Cordons blancs et soyeux partant de l'organe central pour se rendre dans toutes les parties du corps. Ils sont : ou *sensitifs*, dont la fonction est de transmettre aux centres les impressions extérieures; ou *moteurs*, qui se rendent dans les muscles dont ils déterminent la contraction; ou *mixtes*, c'est-à-dire contenant des fibres motrices et des fibres sensitives.

Système nerveux sympathique.

Ce système comprend, comme le précédent, une *partie centrale* et une *partie périphérique*. La *partie centrale* est formée par une série de petites masses ou *ganglions* placés de chaque côté de la colonne vertébrale, réunis par des *cordons intermédiaires*. De cette *chaîne ganglionnaire* partent les *nerfs périphériques*, qui se rendent dans les viscères ou dans la paroi des vaisseaux (*viscéraux* et *vasculaires*). Ces petits centres dirigent la nutrition et les échanges organiques. — Chaque ganglion est en relation avec les nerfs spinaux par des *rameaux communicants* : les deux systèmes sont ainsi reliés.

RÉFLEXE. — L'*acte réflexe* est un mouvement automatique qui se produit dans le corps à la suite d'une excitation déterminée; c'est en somme un mouvement succédant à une impression; ils se font sous l'influence de la moelle; en dehors du cerveau.

Particularités du système nerveux. — C'est avec l'hémisphère cérébral droit que nous sentons les excitations portées du côté gauche du corps et inversement; c'est avec le cerveau gauche que nous faisons manœuvrer le côté droit du corps et inversement.

CIRCULATION

(Planches VII et VIII.)

On appelle *circulation* le phénomène par lequel le sang, par des allées et venues continuelles, porte dans toutes les parties du corps les éléments de nutrition qu'il renferme, entraîne les produits de nutrition, puis va se revivifier dans les poumons.

L'appareil de la circulation se compose du cœur (pompe foulante) des artères, des veines, et des vaisseaux capillaires (tubes communicants de la transmission).

Du sang.

Le sang entretient la vie dans les organes et leur fournit les matériaux dont ils se composent; il est aussi la source de tous les liquides formés dans le corps, tels que la salive, les larmes, la bile, l'urine, etc.

Le *sang* est constitué par une partie liquide, incolore, ou *plasma*. Le *plasma* tient en suspension des éléments solides ou *globules*. Le plus grand nombre des *globules* ont la forme de disques et sont colorés en rouge (1); ce sont eux qui donnent au sang sa coloration. Les autres globules (*globules blancs*) sont incolores.

Le *plasma* peut se coaguler spontanément, c'est-à-dire se décomposer en une matière solide ou *fibrine* et une matière liquide ou *sérum*. Quand on abandonne à la coagulation le sang sorti des vaisseaux, la *fibrine*, en se précipitant, entraîne et emprisonne dans ses mailles les *globules*. Le liquide restant est le *sérum*. En un mot, le *caillot* contient à la fois la *fibrine* et les *globules*.

---

(1) L'*hémoglobine* représente, par sa quantité comme du reste par ses propriétés chimiques, la substance la plus importante des globules rouges. C'est la matière colorante du sang ; elle est cristallisable. Elle possède la remarquable propriété d'absorber l'oxygène et forme un oxyde appelé *oxyhémoglobine*. C'est une substance très importante pour le physiologiste. (Hédon et Duval.)

Le sang qui se rend aux organes pour les *nourrir* et qui est d'un rouge vermeil est appelé sang rouge ou *artériel*, celui qui revient aux poumons est noirâtre et est appelé sang *veineux*.

Le cœur (fig. 116, 117, 118, 119).

Le *cœur* est un organe musculaire creux intérieurement et divisé par deux cloisons en quatre compartiments. Il a

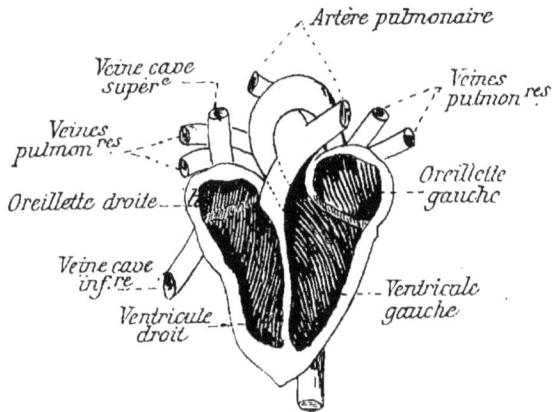

Fig. 116. — Coupe théorique du cœur.

la forme d'un cône renversé, est situé entre les deux poumons et repose sur le diaphragme; son volume à l'état normal est comparable à celui du poing d'un homme.

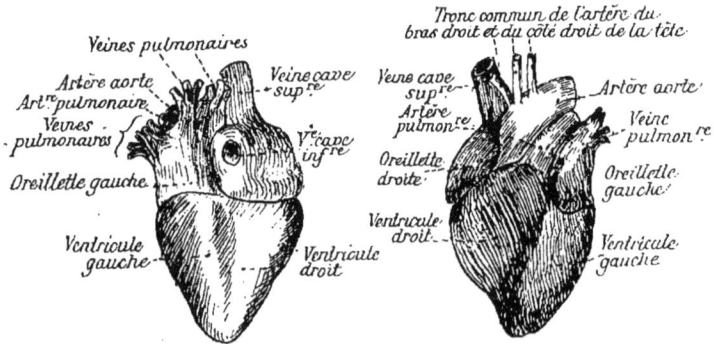

Fig. 117. — Face postérieure.

Fig. 118. — Face antérieure.

Il est renfermé dans un sac membraneux nommé *péricarde*.
Le cœur étant divisé par une cloison verticale en deux moi-

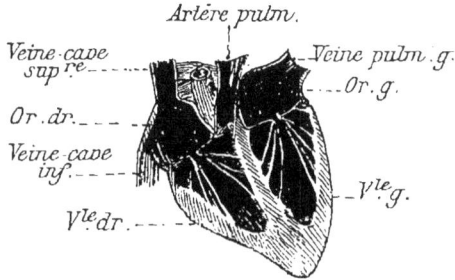

Fig. 119. — Coupe montrant la disposition des valvules.

tiés, la moitié droite contient du sang *noir*, la moitié gauche
du sang *rouge;* ces deux parties ne peuvent pas communiquer
directement ensemble.

Chacune de ces deux parties est divisée à son tour par une
cloison horizontale en deux cavités; les cavités supérieures
sont nommées *oreillettes*, les inférieures *ventricules*.

L'*oreillette* et le *ventricule* du même côté communiquent
entre eux; l'orifice de communication est fermé par une soupape qui porte le nom de *valvule*. La *valvule* droite est dite
tricuspide (à trois points); celle de gauche, *mitrale* (en forme
de *mitre d'évêque*).

Oreillette droite. — On remarque dans l'oreillette droite :

1° L'orifice de la *veine cave supérieure;*
2° L'orifice de la *veine cave inférieure.*

Oreillette gauche. — On y remarque les quatre orifices des
veines pulmonaires.

Ventricule droit. — On y remarque l'orifice de l'*artère
pulmonaire.*

Ventricule gauche. — On y remarque l'orifice de l'*aorte*
fermé par trois valvules.

Artères (fig. 120).

Les *artères* sont des tubes, des canaux, destinés à porter
le sang du cœur dans toutes les parties du corps; elles sont

formées de trois enveloppes ou tuniques très élastiques. E
vertu de leur élasticité, les artères restent béantes aprè
qu'elles ont été ouvertes; il faut employer la ligature ou l
compression pour les oblitérer et éviter l'issue du sang.

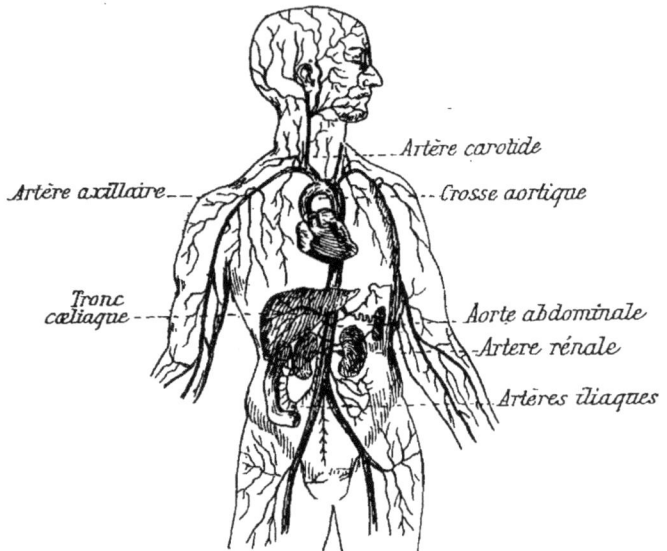

Artère carotide
Crosse aortique
Artère axillaire
Tronc cœliaque
Aorte abdominale
Artère rénale
Artères iliaques

Fig. 120. — Principales divisions de l'artère aorte.

Toutes les artères à sang rouge émanent d'un tronc uniqu
qui est l'*aorte*.

L'*aorte*, aussitôt après sa naissance du ventricule gauche
se porte en haut et un peu à droite, puis se retourne en form
de *crosse* (*crosse de l'aorte*). Au niveau de sa crosse, l'aort
fournit l'*artère carotide primitive* et l'*artère sous-clavièr
gauche*, à gauche; elle ne fournit à droite que le *tronc bra
chio-céphalique* qui se divise en *carotide primitive* et e
sous-clavière droite.

Les *carotides* sont destinées à la tête, les *sous-clavières* au
membre supérieur.

L'*artère aorte* descend alors le long de la colonne verté
brale en envoyant successivement des branches aux différent
organes situés sur son passage. A la base du tronc, ce cana
se divise en deux branches dont l'une se rend dans le mem
bre inférieur droit et l'autre dans le membre inférieur gau
che, en se ramifiant de plus en plus.

Veines (fig. 121).

Les *veines*, qui reçoivent le sang transmis ainsi à toutes les parties du corps, suivent à peu près le même trajet que les artères, mais elles sont plus grosses, plus nombreuses et sont ordinairement situées plus superficiellement; toutes ces

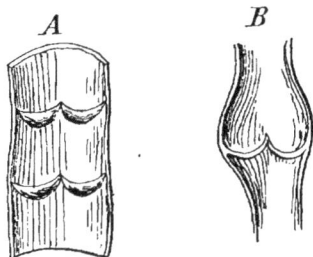

Fig. 121. — Valvules des veines; A, vue de face. B, en coupe.

veines se réunissent peu à peu pour former deux gros troncs qui vont déboucher dans l'oreillette droite du cœur et qu'on appelle *veine cave supérieure* et *veine cave inférieure*.

Les *veines* sont formées de deux tuniques; la *tunique interne* est munie de replis qui sont destinés à empêcher le sang de refluer en arrière (*valvules*) (fig. 121).

Elles ont des parois plus minces que celles des artères : ces parois contiennent beaucoup moins de tissu élastique, de sorte que les veines n'ont aucune tendance à rester béantes quand elles sont coupées en travers.

Vaisseaux capillaires (fig. 121 *bis*).

Les artères se subdivisent en *ramuscules* de plus en plus ténus.

Les vaisseaux les plus fins portent le nom de *capillaires*. Les capillaires confluent et les troncs collecteurs plus gros prennent le sang et le rendent aux veines qui doivent le ramener au cœur.

Mécanisme de la circulation (fig. 121 *bis*).

Le jeu du cœur consiste en alternatives de contractions (*systole*) et de relâchement (*diastole*).

Le cœur est le point de départ d'une double circulation,

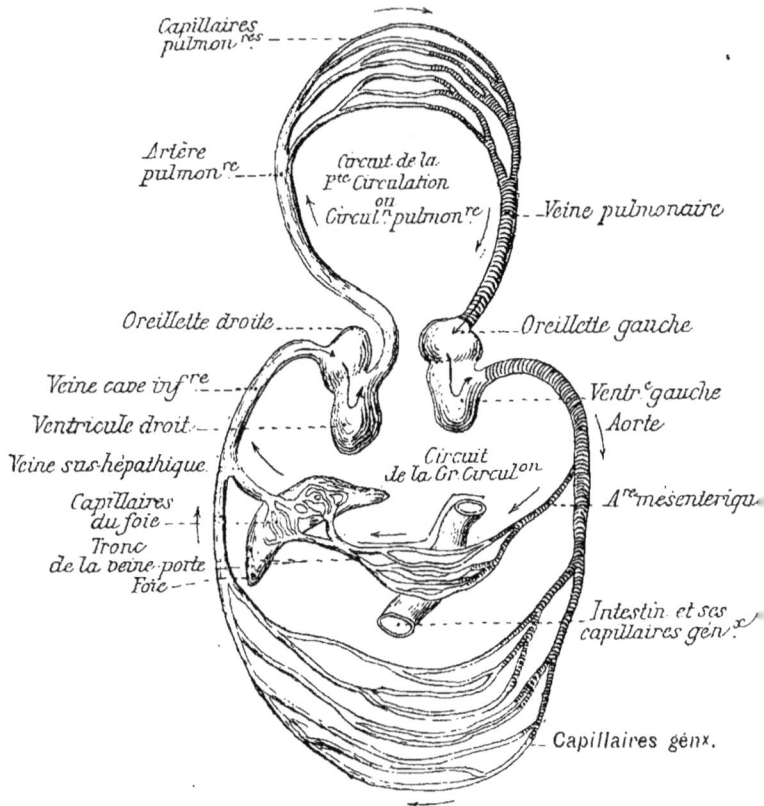

Capillaires pulmon.^{res}

Artère pulmon.^{re}

Circuit de la P^{te} Circulation ou Circul.ⁿ pulmon^{re}

Veine pulmonaire

Oreillette droite

Oreillette gauche

Veine cave inf.^{re}

Ventricule droit

Veine sus-hépatique

Capillaires du foie

Tronc de la veine-porte

Foie

Ventr.^e gauche

Aorte

Circuit de la Gr. Circul^{on}

A^{re} mésenterique

Intestin et ses capillaires gén^x

Capillaires gén^x.

Fig. 121 *bis*. — Schéma général de la circulation.

et chaque ventricule préside : le *gauche* à la *grande*, le *droit* à la *petite circulation*.

L'oreillette gauche reçoit par quatre veines du sang artérialisé; elle se contracte et chasse tout ce qu'elle renferme dans le ventricule gauche. Celui-ci se contracte à son tour; la valvule mitrale s'abaisse et le sang, ne pouvant refluer dans l'oreillette, est chassé dans l'aorte et dans ses subdivisions, de là dans le corps entier. Les valvules de l'aorte empêchent le reflux dans le ventricule.

Le sang passe des dernières ramifications artérielles dans les capillaires, de là dans les veines; finalement il revient au cœur par les deux veines caves s'ouvrant dans l'oreillette droite, après avoir parcouru le cycle entier. C'est la course sans fin de la *grande circulation*.

Alors l'oreillette droite, pleine de ce sang veineux, le jette dans le ventricule droit, qui, se contractant à son tour, le chasse dans l'artère pulmonaire. La valvule tricuspide se referme, le ventricule droit se contracte et, par le même mécanisme que le ventricule gauche, ce sang veineux est lancé dans les poumons, s'y oxyde et revient par quatre veines dans l'oreillette gauche, d'où il repart, ainsi remis à neuf, pour toutes les parties du corps.

Ce circuit, beaucoup plus court, constitue la *petite circulation; grande* et *petite*, toutes deux se complètent l'une désoxydant le sang dans les organes et le ramenant à l'autre, pour oxydation nouvelle par l'air respiré. (Chez l'homme, le cœur battant de 70 à 75 fois par minute, on voit de suite que chaque révolution a une durée de moins d'une seconde, soit 0'',8) (1).

---

(1) Fig. 121 *ter*. Le mécanisme de la circulation est sous la dépendance

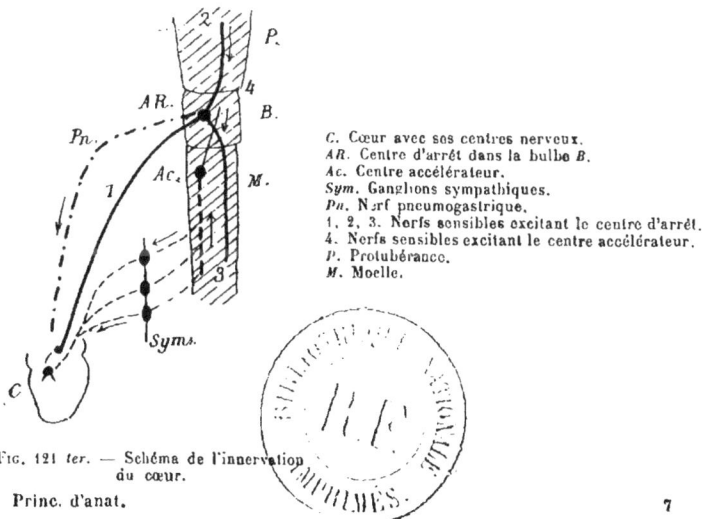

C. Cœur avec ses centres nerveux.
AR. Centre d'arrêt dans la bulbe B.
Ac. Centre accélérateur.
Sym. Ganglions sympathiques.
Pn. Nerf pneumogastrique.
1, 2, 3. Nerfs sensibles excitant le centre d'arrêt.
4. Nerfs sensibles excitant le centre accélérateur.
P. Protubérance.
M. Moelle.

Fig. 121 *ter*. — Schéma de l'innervation du cœur.

Princ. d'anat.

7

Choc du cœur. — Le choc du cœur, ou pulsation cardiaque, est cet ébranlement de la paroi thoracique que l'on sen-
avec la main appliquée sur la région précordiale, plus particulièrement au niveau du 5e espace intercostal, un peu en
dedans et en bas du mamelon gauche; il provient du durcissement brusque des ventricules pendant leur contraction

Les *chocs du cœur* peuvent être accélérés par une course
rapide, une émotion vive, etc.; ils sont plus lents dans la
position horizontale que dans la position verticale.

Pouls.

Chaque fois que le ventricule gauche du cœur se contracte
le sang exerce une certaine pression sur les parois des
artères; le mouvement qui en résulte est ce que l'on appelle
le *pouls*.

Pour sentir le *pouls*, il faut comprimer légèrement avec
le doigt une artère d'un certain volume et choisir autant que
possible un vaisseau placé près de la peau et reposant sur
un plan résistant.

RÉSUMÉ DE LA CIRCULATION

La *circulation* est le phénomène par lequel le *sang*, par des allées et venues continuelles, porte dans toutes les parties du corps les éléments de
nutrition qu'il renferme, entraîne les produits de dénutrition, puis va se
revivifier dans les poumons.

L'appareil de circulation se compose du *cœur*, des *artères*, des *veines* et
des *vaisseaux capillaires*.

SANG. — Constitué par partie liquide, incolore, le *plasma*, qui tient en
suspension des éléments solides, les *globules* : globules *rouges*, qui donnent
au sang sa coloration, et globules *blancs*, incolores. — Le *plasma* peut se
coaguler spontanément, c'est-à-dire qu'il se décompose en matière solide,
fibrine et matière liquide, *sérum*. — Le sang *rouge*, ou *artériel*, est celui

---

du système nerveux. Le cœur est soumis à l'action de deux centres nerveux
l'un *modérateur*, situé dans le bulbe rachidien, est mis en rapport avec le
cœur par le nerf pneumo-gastrique; l'autre, *accélérateur*, fait partie du
système grand sympathique.

Si l'action des centres *accélérateurs* l'emporte sur l'action *modératrice*,
on voit les battements du cœur s'accélérer; l'inverse a lieu quand les centres modérateurs sont plus excités.

Ainsi, une excitation intense des nerfs sensibles, un choc violent de l'abdomen retardent et même peuvent arrêter totalement les battements du
cœur. La syncope vient à la suite d'une douleur ou d'une émotion vives.
(Demény.)

qui se rend aux organes pour les nourrir ; le sang *noirâtre*, ou *veineux*, est celui qui revient aux poumons.

Cœur (1). — Est un organe creux divisé en quatre compartiments par deux cloisons ; renfermé dans le *péricarde*, sac membraneux.

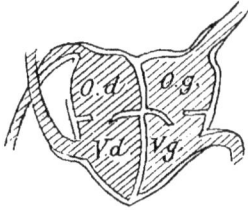

Schéma du cœur (1).

La moitié droite du cœur contient du *sang noir* ; la moitié gauche, du *sang rouge;* ces deux moitiés ne peuvent pas communiquer directement ensemble. Chacune de ces moitiés divisée en deux parties : les parties supérieures dites *orcillettes,* les inférieures *ventricules.*

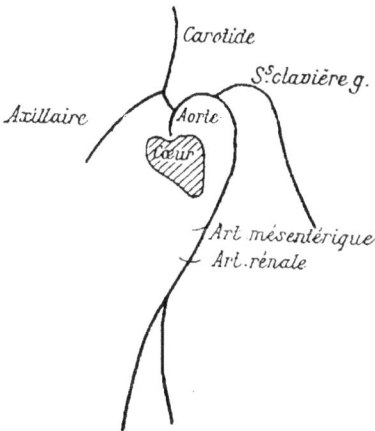

Principales divisions de l'aorte (2).

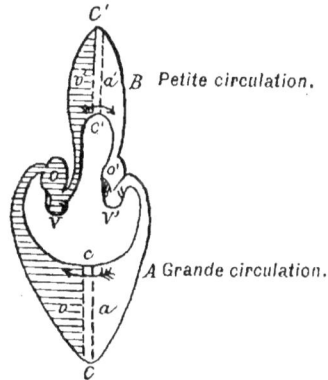

Schéma de la grande et de la petite circulation (3).

LÉGENDE.

A. Grande circulation. — *V'* Ventricule gauche ; — *a.* Aorte et son cône artériel ; — *cc.* Capillaires généraux du corps ; — *v.* Veines allant former les veines caves ; — O. Oreillette droite.
B. Petite circulation. — *V.* Ventricule droit ; — *v'* Artère pulmonaire et ses divisions (cône artériel de la petite circulation) ; — *C' C'.* Capillaires pulmonaires ; — *a'* Veines pulmonaires (cône veineux de la petite circulation ; — *0'* Oreillette gauche.
Toute la partie ombrée de la figure représente la partie du système vasculaire remplie par du sang veineux, du sang noir.

Les oreillettes communiquent avec les ventricules ; l'orifice est fermé par la *valvule.* — A l'oreillette *droite* on remarque *orifice de veine cave supérieure* et *orifice de veine cave inférieure.* A l'oreillette *gauche,* les quatre *orifices des veines pulmonaires.*

Ventricule droit : *orifice d'artère pulmonaire;* au ventricule gauche, *orifice de l'aorte* fermé par trois valvules.

ARTÈRES (2). — Ce sont des tubes destinés à porter le sang du cœur dans toutes les parties du corps. — Emanent d'un tronc unique, *l'aorte. L'aorte,* en forme de crosse, fournit à gauche *l'artère carotide primitive* et *l'artère sous-clavière gauche,* et, à droite, le *tronc brachio-céphalique.* — L'aorte descend le long de la colonne vertébrale en envoyant des branches aux différents organes sur son passage. A sa base, il se divise en deux branches qui se ramifient de plus en plus dans le membre inférieur droit et dans le membre inférieur gauche.

VEINES. — Reçoivent le sang transmis, se réunissent peu à peu pour former deux gros troncs qui vont déboucher dans l'oreillette droite et qu'on appelle *veine cave supérieure* et *veine cave inférieure;* — faites de façon que le sang ne puisse refluer en arrière.

CAPILLAIRES. — Ramuscules, subdivisions des artères, qui rendent le sang aux veines qui, elles, doivent le ramener au cœur.

PHÉNOMÈNE DE LA CIRCULATION (3). — Contraction du cœur est dite *systole;* relâchement, *diastole.*

Le *cœur* est le point de départ d'une double circulation et chaque ventricule préside, le *gauche* à la *grande,* le *droit* à la *petite.*

Grande circulation (3). — *L'oreillette gauche* reçoit par quatre veines du sang artérialisé; elle se contracte et le chasse dans le *ventricule gauche.* Celui-ci se contracte à son tour; la valvule s'abaisse et le sang, ne pouvant refluer dans l'oreillette, est chassé dans *l'aorte* et ses subdivisions, de là dans le corps. Les *valvules de l'aorte* empêchent son reflux dans le ventricule. — Le sang passe des dernières ramifications artérielles dans les capillaires, de là dans les veines; finalement, il revient au cœur par les deux *veines caves,* s'ouvrant dans l'oreillette droite, après avoir parcouru le cycle entier.

Petite circulation (3). — Alors l'oreillette droite, pleine de ce sang veineux, le jette dans le *ventricule droit* qui, se contractant à son tour, le chasse dans l'*artère pulmonaire.* La valvule *tricuspide* se referme, le *ventricule droit* se contracte et, par le même mécanisme que le *ventricule gauche,* ce sang veineux est lancé dans les poumons, s'y oxyde et revient par quatre veines à l'*oreillette gauche,* d'où il repart, ainsi remis à neuf, pour toutes les parties du corps.

CHOC DU CŒUR ou *pulsation cardiaque* est l'ébranlement de la paroi thoracique qu'on perçoit au niveau du cinquième espace intercostal; il provient du durcissement brusque des ventricules pendant leur contraction.

POULS. — Chaque fois que le *ventricule gauche* se contracte, le sang exerce une certaine pression sur les parois des artères; le mouvement qui en résulte se nomme le *pouls.*

APPAREIL RESPIRATOIRE

(Planche IX.)

Nous avons dit que lorsque le sang arrivait à l'oreillette droite par les deux veines caves, sa couleur était noire; c'est qu'il était chargé d'*acide carbonique* et par cela même impropre à la respiration; il faut qu'il se débarrasse de ce corps nuisible pour prendre au contraire de l'*oxygène*, gaz qui va revivifier le sang, le rendre rouge et en même temps propre à accomplir ses fonctions.

Ces échanges gazeux constituent la *respiration* que nous allons étudier sommairement.

L'appareil de la *respiration* comprend la *trachée-artère*, les *bronches* et les *poumons*.

Trachée-artère, bronches, poumons.

L'air pénètre par un long tube appelé *trachée-artère*, qui part de l'arrière-bouche et descend dans le thorax; son intérieur est tapissé par une membrane très irritable.

Arrivée au niveau de la 4ᵉ vertèbre dorsale, la trachée se divise en deux parties nommées *bronches* (*bronche droite* et *bronche gauche*), qui vont s'enfoncer dans le poumon en se subdivisant en une multitude de ramuscules. Les plus ténues des ramifications bronchiques se terminent par de petits culs-de-sacs dits *vésicules pulmonaires*.

Là s'accomplit par endosmose (1) l'échange chimique de l'oxygène de l'air et de l'acide carbonique du sang. Le sang *oxydé*, *artérialisé*, est repris par d'autres petits vaisseaux qui, en confluant dans les veines pulmonaires, les ramènent au cœur comme nous l'avons déjà vu.

_____

(1) Endosmose, Phys. — Courant qui s'établit du dehors au dedans entre deux liquides de densités différentes séparés par une cloison membraneuse très mince (Larousse).

Enfin, à droite et à gauche du cœur, nous trouvons les *poumons* dans lesquels, ainsi que nous l'avons vu, pénètrent les bronches ramifiées. Les *poumons* sont logés dans la cage thoracique; ils sont placés au-dessus du diaphragme et occupent la majeure partie de la poitrine sur les parois de laquelle ils se moulent.

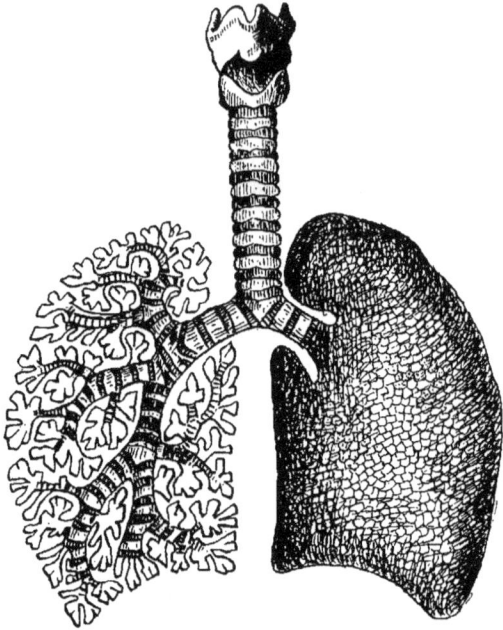

Fig. 122. — Poumons.

Ces deux poumons sont entourés par une membrane, la *plèvre*. Cette membrane, polie et humide, facilite les mou-

Fig. 123. — Vésicules pulmonaires considérablement grossies.

vements des poumons. Le volume des poumons varie avec

les individus; il est en raison directe de la capacité thoracique.

Mécanisme de la respiration.

La *respiration* se produit par un jeu de soufflet; l'entrée de l'air pur s'appelle *inspiration;* la sortie de l'air vicié se nomme *expiration.*

Ces phénomènes s'effectuent grâce aux côtes et au *diaphragme* dont nous avons déjà fait la description et que l'on peut regarder comme des organes annexes de l'appareil respiratoire (1).

Dans l'*inspiration*, c'est-à-dire lorsqu'on introduit de l'air dans la poitrine (appel d'air par le vide résultant de la dilatation musculaire de la poitrine), voici ce qui se produit : la cage thoracique s'agrandit d'avant en arrière, latéralement

(1) Les mouvements respiratoires sont automatiques (fig. 123 *bis*).

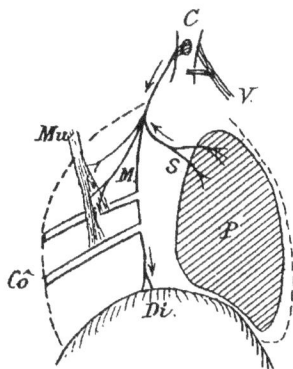

C. Centre respiratoire situé dans la bulbe.
V. Veine apportant le sang impur excitant ce centre.
M. Nerfs moteurs des muscles inspirateurs.
Mu. Élévateurs des côtes *Cô* et du diaphragme *Di*, communiquant avec le centre *C*.
S. Nerfs sensibles du poumon excitant le centre respiratoire.

Fig. 123 *bis*. — Schéma du mécanisme respiratoire.

Ils sont sous la dépendance du système nerveux et sont commandés par un centre spécial nommé pour cette raison *nœud vital* et situé dans le *bulbe*. Si l'on pique en cet endroit la moelle, on voit les mouvements respiratoires s'arrêter et la mort survenir par asphyxie.

Le centre respiratoire communique par le nerf pneumogastrique avec les muscles inspirateurs; il est influencé par la présence de l'acide carbonique dans le sang. Si la respiration est interrompue pour une cause quelconque, une syncope se produit, mais le sang devenant plus impur, les mouvements respiratoires se rétablissent d'eux-mêmes, parce que la présence de l'acide carbonique est un excitant des centres nerveux moteurs (Demény).

et de haut en bas. Les deux premiers effets sont dûs à l'action des côtes et du sternum : celui-ci est, en effet, projeté en avant; quant à l'agrandissement du thorax en hauteur, il est dû à ce que le diaphragme s'abaisse.

Le poumon, qui est appliqué contre le thorax, en suit les mouvements : il se dilate et l'air extérieur y pénètre.

Dans l'*expiration*, qui a pour but de chasser l'air vicié du poumon, le phénomène inverse se produit. Le poumon, en vertu de son élasticité, tend à revenir sur lui-même; les côtes le suivent, le diaphragme remonte, la cavité thoracique est donc amoindrie : l'air sort.

Les muscles *inspirateurs* et *expirateurs* jouent un rôle très important dans ces mouvements : nous en avons parlé plus haut.

L'*oxygène* qui s'est uni au sang dans l'acte de la respiration est porté avec ce liquide dans tous les tissus du corps humain. Là, il se combine avec le *carbone* et l'*hydrogène* de différents corps; cette combinaison donne naissance à de l'*acide carbonique* et à de l'*eau;* elle produit de la chaleur. (Mais la chaleur produite dans la machine humaine ne provient pas uniquement des combustions.)

Il existe un appareil très compliqué de régulation de la chaleur, grâce auquel la température du corps humain reste à peu près constante, malgré l'élévation ou l'abaissement de la température ambiante. La température normale oscille autour de 37°,5 centigrades.

RÉSUMÉ DE L'APPAREIL RESPIRATOIRE

Lorsque le *sang* arrive à l'*oreillette droite*, nous avons dit qu'il était *noir*, c'est-à-dire chargé d'*acide carbonique* et impropre à la respiration ; il faut qu'il se débarrasse de ce corps nuisible pour prendre de l'oxygène; ces échanges gazeux constituent la *respiration.*

L'*appareil de la respiration* comprend la *trachée-artère,* les *bronches* et les *poumons.*

Trachée-artère. — Long tube partant de l'arrière-bouche, descendant le long du thorax et se divisant au niveau de la quatrième dorsale en deux parties nommées *bronches* qui s'enfoncent dans les poumons en se subdivisant en de nombreux *ramuscules.* Les plus ténus se terminent par de petites vésicules dites *pulmonaires.* C'est là que s'accomplit l'échange chimique. Le sang oxydé est repris par d'autres petits vaisseaux qui, en confluant dans les *veines pulmonaires,* le ramènent au cœur.

A droite et à gauche du cœur sont les *poumons*, dans lesquels pénètrent les bronches ramifiées ; ils sont logés au-dessus du diaphragme et occupent la majeure partie de la poitrine sur les parois de laquelle ils se moulent ;

ils sont entourés par une membrane polie et humide, la *plèvre*, qui facilite leurs mouvements.

MÉCANISME DE LA RESPIRATION. — C'est un jeu de soufflet; l'entrée de l'air pur s'appelle *inspiration;* la sortie de l'air vicié, *expiration*. — Ces phénomènes s'effectuent grâce aux côtes et au *diaphragme*, commandés par le *nœud vital.*

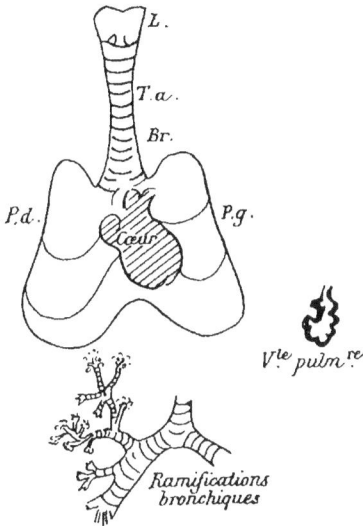

Schéma des poumons.

Pendant l'*inspiration*, la cage thoracique s'agrandit dans trois sens : d'avant en arrière et latéralement par l'action des côtes et du sternum; de haut en bas par l'abaissement du diaphragme. — Le *poumon*, appliqué contre le thorax, suit les mouvements; il se dilate et l'air pénètre.

Pendant l'*expiration*, le phénomène inverse se produit : le poumon par son élasticité tend à revenir sur lui-même; les côtes le suivent, le diaphragme remonte, la cavité thoracique s'amoindrit : l'air sort.

Dans ces deux mouvements, les muscles *inspirateurs* et *expirateurs* jouent un grand rôle.

NUTRITION

(Planche VI.)

La *nutrition* est la faculté que possède l'homme de se nou
rir, c'est-à-dire de réparer les pertes continuelles que s
tissus éprouvent sous l'influence de la vie. Cette grande fon
tion se compose de plusieurs fonctions particulières que l'
peut reporter à quatre principales : la *circulation*, la *resp
ration*, la *digestion* et les *sécrétions*.

Nous avons déjà parlé des deux premières; il nous res
à donner un aperçu de la *digestion* et des *sécrétions*.

Digestion.

La *digestion* est l'acte par lequel les aliments devienne
aptes à être *absorbés*.

Les corps dans lesquels l'organisme puise les princip
nutritifs se nomment les *aliments*.

Le besoin d'ingérer des aliments se nomme la *faim*.

Des aliments. — La conformation des organes digesti
de l'homme indique qu'il est à la fois carnivore et frugivor

Pour qu'un aliment soit complet, il faut qu'il contienne to
les éléments qui font partie de nos tissus; les *aliments* so
puisés dans les trois règnes : *minéral, végétal* et *animal*.

Les animaux empruntent au règne minéral l'eau, les se
et quelques corps simples, mais ils ne peuvent trouver l
autres aliments dont ils ont besoin que dans le règne *végéta*
soit directement lorsqu'ils se nourrissent de *végétaux*, sc
indirectement s'ils font leur proie des *autres animaux*.

Les *aliments simples* sont des substances chimiques déte
minées (principes immédiats); par exemple l'*albumine*, l'*am
don*. Les *substances alimentaires* sont des aliments tels qu'i
se trouvent dans la nature, présentant un mélange en pr
portions variables de plusieurs aliments simples, par exen
ple : la *viande*, le *lait*.

Si les aliments viennent à être ingérés en trop grande pr

portion, ii n'y en a jamais qu'une certaine quantité qui est absorbée et qui sert à la nutrition; le reste est expulsé avec les *excréments*. Il en résulte que *l'homme ne se nourrit pas de ce qu'il mange*, mais bien de *ce qu'il digère*.

Appareil digestif.

L'*appareil digestif* se compose du *tube digestif* et de diverses glandes servant à fournir certains liquides particuliers nécessaires à la digestion.

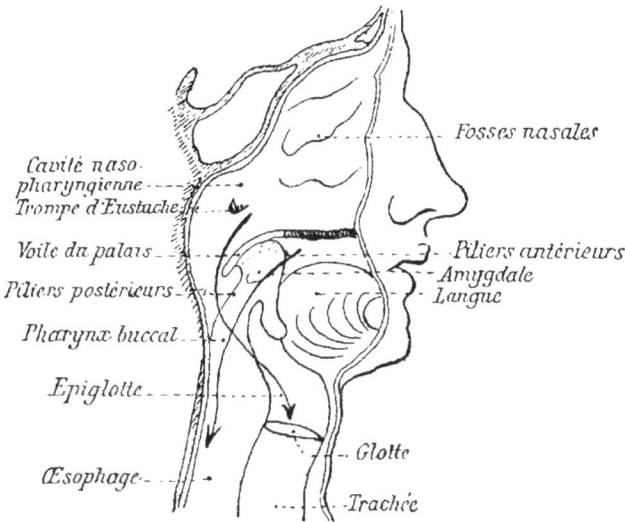

Fig. 121. — Schéma du croisement des voies respiratoires et digestives.

Tube digestif. — Le *tube digestif* prend dans ses diverses parties différents noms : 1° la *bouche;* 2° l'*arrière-bouche;* 3° l'*œsophage;* 4° l'*estomac;* 5° l'*intestin grêle;* 6° le *gros intestin;* 7° l'*anus*.

1° *Bouche*. — La *bouche* reçoit les aliments, les broie à l'aide des dents et les humecte à l'aide de la salive qui facilite leur glissement.

2° *Arrière-bouche* ou *pharynx*. — Le *pharynx* est une cavité formée d'une membrane enveloppée de muscles; situé à la partie postérieure de la bouche, il lui fait suite et communique, en haut avec les fosses nasales et l'oreille moyenne,

en bas avec le larynx; inférieurement, le pharynx se contin
par un long tube, l'œsophage.

3° *Œsophage*. — L'œsophage est un conduit cylindriq
qui longe la colonne vertébrale (en avant), pénètre dans
thorax en passant derrière le cœur et les poumons, trave
le diaphragme et aboutit dans l'estomac par une ouvertu
appelée *cardia*.

4° *Estomac*. — L'estomac, organe central de la digestic
est une vaste poche membraneuse en forme de cornemu:

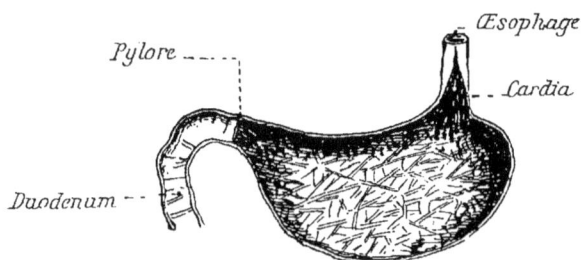

FIG. 125. — Estomac ouvert montrant les plis de la muqueuse.

située à la partie supérieure du ventre (creux de l'estoma
au-dessous du diaphragme, communiquant en haut et à ga
che avec l'œsophage par le *cardia*, en bas et à droite av
l'*intestin grêle* par une deuxième ouverture appelée *pylor*

L'estomac est formé de trois membranes : une exterr
séreuse, le *péritoine;* une musculeuse moyenne, enfin u
muqueuse, l'interne, criblée de glandules qui sécrètent le s
gastrique.

5° *Intestin grêle*. — C'est un long tube membraneux, pl
sieurs fois contourné sur lui-même, qui s'étend de l'estom
au gros intestin; sa longueur est cinq à six fois celle du corp
il est formé de trois tuniques comme l'estomac, dont il n'e
que la continuation et le prolongement.

On le divise en trois segments : le *duodenum* (longueur
douze travers de doigt); le *jéjunum* (ainsi nommé parce qu
est toujours vide dans le cadavre) et l'*ilion* (à cause de :
situation).

6° *Gros intestin*. — Continue l'intestin grêle; moins lon,

mais d'un calibre beaucoup plus fort que le précédent; il
reçoit pour l'expulser au dehors le résidu de la digestion;

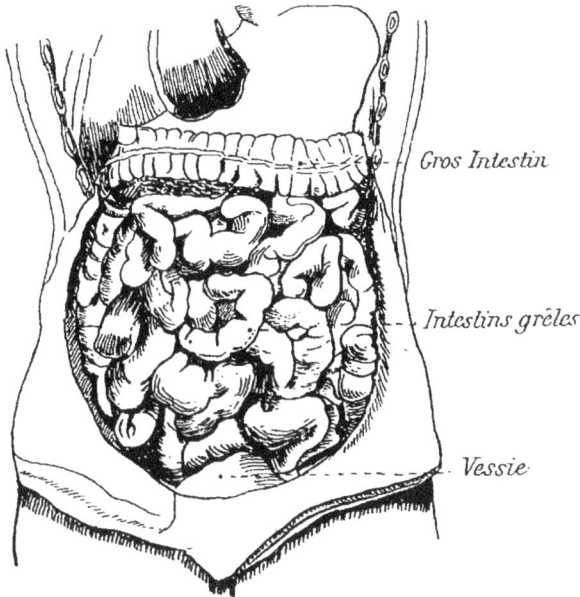

Fig. 120. — Cavité abdominale de l'homme ouverte.

on le divise en *cæcum, côlon, rectum;* il a une structure analogue à celle de l'intestin grêle.

7° *Anus.* — Anneau, sphincter fermant complètement à
l'état de repos et en vertu de sa seule élasticité, l'ouverture
qu'il circonscrit.

Enfin, nous dirons que tous les organes renfermés dans
la cavité abdominale sont tapissés par une vaste membrane
séreuse nommée *péritoine,* qui les soutient, les maintient, et
en favorise le glissement. C'est l'inflammation de cette membrane (péritonite) qui rend si dangereuses les blessures de
l'abdomen.

Glandes annexes du tube digestif.

Les *glandes annexes* du canal digestif sont : les *glandes
salivaires,* le *foie* et le *pancréas.*

Glandes salivaires. — Au nombre de six, toutes sécrète la salive, qu'elles versent dans la bouche par de petits co duits excréteurs.

Foie. — C'est une grosse glande située dans la partie s périeure de l'abdomen, à droite de l'estomac; elle sécrè la *bile*, liquide qu'elle déverse dans l'intestin grêle.

Pancréas. — Glande placée derrière l'estomac; elle sécrè un produit qui est versé aussi dans l'intestin grêle.

Mécanisme de la digestion.

Parmi les substances alimentaires destinées à remplac les pertes incessantes de l'économie, les unes sont direc ment absorbables, les autres, déposées à la surface des voi digestives doivent subir l'influence des sucs qui s'y trouve versés et se modifier de manière à pouvoir être absorbées.

C'est pour cela que l'aliment introduit dans la bouche pa court successivement les diverses parties du tube diges et se trouve soumis, chemin faisant, à diverses actions méc niques, mais surtout à l'*action chimique* de liquides vari qui le fluidifient et le transforment.

Les aliments introduits dans la cavité buccale sont divis par les dents (*mastication*), humectés et modifiés par la sali (*insalivation*), puis portés vers le pharynx. Saisis par lui poussés dans l'estomac par l'œsophage (*déglutition*).

Au moment où ils passent dans l'arrière-bouche, le vo du palais se relève pour les empêcher d'entrer dans les foss nasales; en même temps, une espèce de soupape (*épiglot* s'abaisse et ferme l'ouverture du canal respiratoire.

C'est dans l'estomac que les aliments commencent à êt digérés; ils s'arrêtent généralement dans l'estomac d'auta plus longtemps qu'ils doivent y subir une élaboration pl importante, c'est-à-dire qu'ils sont plus difficilement attaqu bles; là, ils s'imbibent d'un liquide nommé *suc gastriqu* provenant de petites glandes qui s'ouvrent à la surface la muqueuse gastrique (*sécrétion gastrique*).

Le *suc gastrique*, grâce à son acidité (*acide chlorydriqu* détruit les microbes apportés avec les aliments et a une acti sur les albuminoïdes qu'il transforme en *peptones*.

Le suc gastrique transforme d'abord les aliments en pâte appelée *chyme*, puis il les liquéfie; c'est sous cette forme que

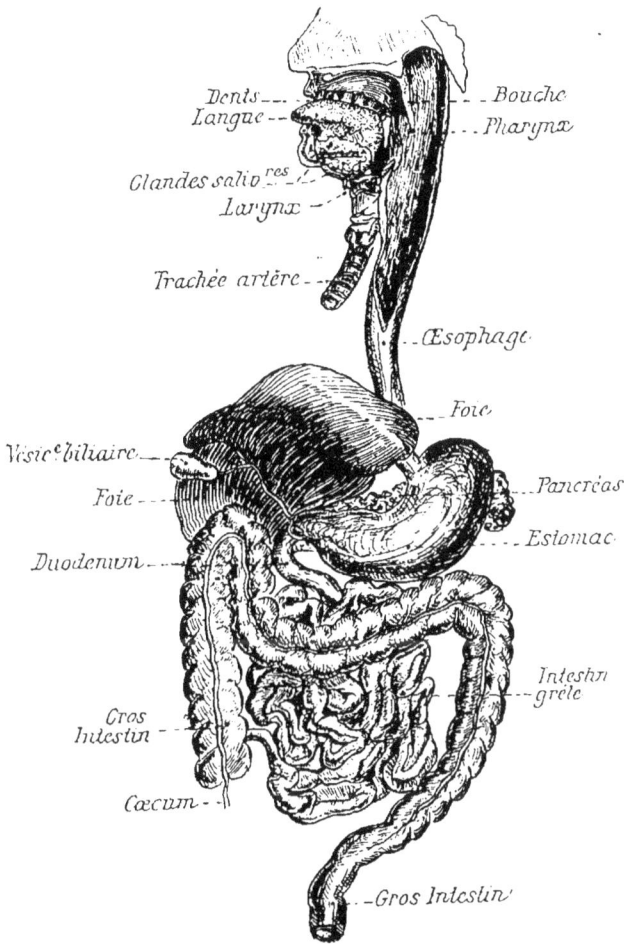

Dents
Langue
Glandes salio^{res}
Larynx
Trachée artère
Bouche
Pharynx
Œsophage
Foie
Vésic^e biliaire
Foie
Duodenum
Pancréas
Estomac
Gros Intestin
Cæcum
Intestin grêle
Gros Intestin

Fig. 127. — Vue d'ensemble de l'appareil de la digestion.

le produit de la digestion gastrique quitte l'estomac pour se rendre dans les intestins.

Le produit de la digestion gastrique, au sortir de l'estomac, pénètre donc dans l'intestin grêle et, sous l'influence du suc pancréatique (sécrétion du pancréas) et accessoirement de la

bile (sécrétion du foie), il subit encore diverses transforma
tions qui achèvent de le rendre *assimilable*.

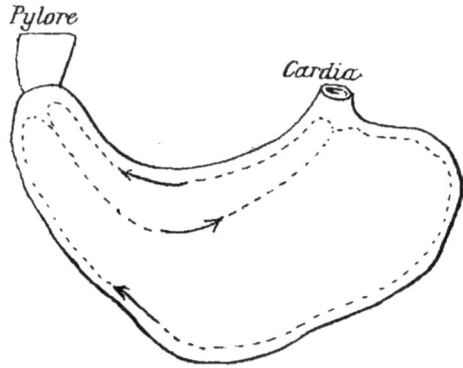

Fig. 128. — Schéma du mouvement imprimé aux aliments dans l'estomac.

Assimilation. Absorption.

Le *sang* renferme tous les principes composants de nos
tissus; poussé dans les diverses parties du corps par l'effet
du mouvement circulatoire dont il est animé, il distribue à
chaque tissu les substances nécessaires à son entretien et à
son accroissement; le tissu vivant choisit dans le sang les
molécules qui lui sont utiles, les saisit et se les approprie.
On donne le nom d'*assimilation* à cette *absorption* de molécules nouvelles par les parties vivantes. En même temps que
les tissus vivants s'emparent des molécules nouvelles et les
incorporent à leur substance, un travail de décomposition
se produit et amène la séparation d'une partie des molécules
constituantes des tissus organisés et leur expulsion au dehors.

L'*assimilation*, dont le mécanisme est des plus complexes,
est à la fois un phénomène physique et un phénomène vital.
D'une façon générale les liquides et les corps solubles sont
absorbés par le sang qui circule dans les villosités de l'intestin; ils prennent la voie de la veine porte, traversent le foie
où certains de ses éléments sont entièrement transformés
(*sucre*, par exemple); de là ils vont au cœur par la veine cave.

Les graisses émulsionnées pénètrent dans les vaisseaux
lymphatiques qui prennent le nom de *chylifères* au niveau de

l'intestin (on nomme *chyle* la lymphe blanchâtre chargée de graisse). Ceux-ci confluent dans le canal thoracique qui se jette dans la veine *sous-clavière gauche*, affluent de la veine cave supérieure.

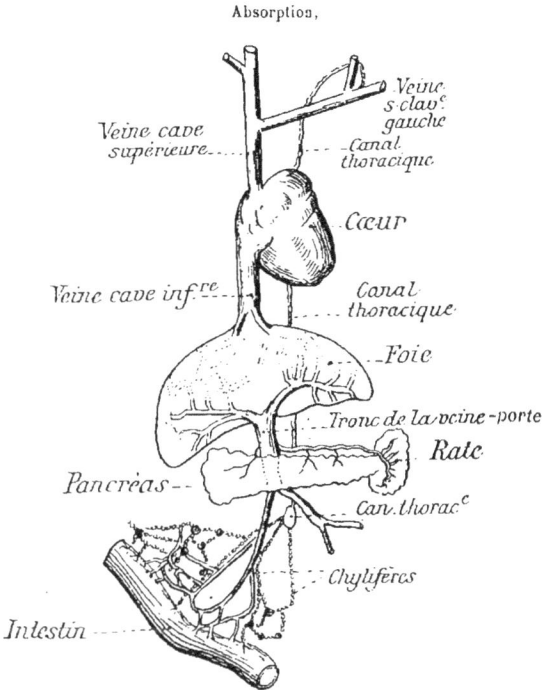

Fig. 129. — Schéma des voies de l'absorption digestive.

Ce que l'intestin grêle livre au gros intestin n'est plus alors qu'une matière déjà épaisse, qu'un résidu destiné à être expulsé et qui ne peut revenir sur ses pas, vu la présence de la valvule *iléo-cæcale* qui s'oppose au reflux. Cette matière (*chyme*), privée de ses parties assimilables, constitue les *fèces*, qui sont rejetées par l'anus.

RÉSUMÉ DE LA NUTRITION

La *nutrition* est la faculté que possède l'homme de réparer les pertes continuelles que ses tissus éprouvent sous l'influence de la vie. Elle se compose de quatre fonctions principales : *circulation, respiration, digestion* et *sécrétions*.

Digestion. — Est l'acte par lequel les aliments deviennent aptes à être absorbés. Les corps dans lesquels l'organisme puise les principes nutritifs sont les *aliments* : un *aliment* est complet quand il contient tous les éléments qui font partie de nos tissus; ils sont puisés dans les trois règnes *minéral, végétal* et *animal.*

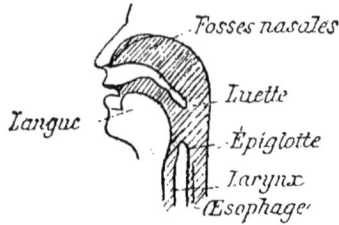

Schéma de l'appareil digestif (1).

APPAREIL DIGESTIF. — Se compose du *tube digestif* et de diverses *glandes* sécrétant des liquides nécessaires à la digestion.

Tube digestif. — Prend dans ses diverses parties les noms de *bouche, arrière-bouche, œsophage, estomac, intestin grêle, gros intestin* et *anus.*

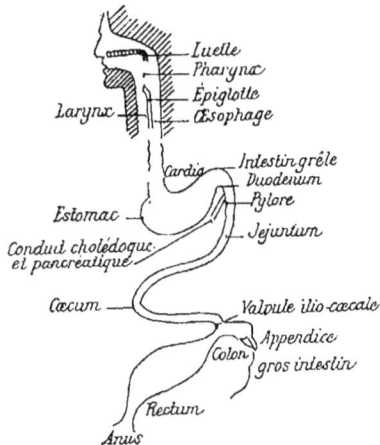

Schéma de l'appareil digestif (2).

Bouche. — Reçoit les aliments, les broie, les humecte.

Arrière-bouche ou *pharynx.* — Cavité formée d'une membrane faisant suite à la bouche.

Œsophage. — Conduit cylindrique longeant la colonne vertébrale, traverse le diaphragme et aboutit dans l'estomac.

Estomac. — Organe central de la digestion, vaste poche en forme de cornemuse, formé de trois membranes dont l'une sécrète le *suc gastrique.*

Intestin grêle. — Long tube membraneux, contourné sur lui-même; va de l'estomac au gros intestin, formé de trois tuniques comme l'estomac.

Gros intestin. — Continue l'intestin grêle, reçoit pour l'expulser le résidu de la digestion.

Anus. — Sphincter fermant l'ouverture par laquelle s'échappent les matières fécales.

Tous les organes renfermés dans la cavité abdominale sont tapissés par une vaste membrane séreuse, le *péritoine.*

Glandes annexes du tube digestif. — Sont : les *glandes salivaires,* le *foie* et le *pancréas;* les premières sécrètent la *salive;* le deuxième sécrète la *bile,* le troisième le *suc pancréatique.*

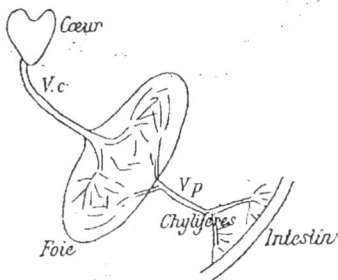

Schéma de l'appareil digestif (3).

MÉCANISME DE LA DIGESTION. — Des substances alimentaires destinées à remplacer les pertes incessantes de l'économie, les unes sont directement absorbables, les autres doivent subir l'influence de *sucs* et se modifier, de manière à pouvoir être absorbées. De là la nécessité du parcours des aliments dans le tube digestif et leur soumission à une action *mécanique* et surtout *chimique.*

Les *aliments* sont soumis à la *mastication,* puis à la *salivation,* et, enfin, poussés par le pharynx dans l'œsophage, soumis à la *déglutition.* — L'*épiglotte,* fermant l'ouverture du canal respiratoire, empêche les aliments d'y pénétrer.

Dans l'estomac, les aliments commencent à être digérés; ils s'y arrêtent plus ou moins longtemps, suivant l'*élaboration* nécessaire; ils s'y imbibent de *suc gastrique* sécrété par certaines *glandes.* Le suc gastrique transforme les aliments en pâte appelée *chyme,* puis il les liquéfie : c'est sous cette forme que le produit de la digestion gastrique quitte l'estomac.

Le produit de la digestion gastrique, au sortir de l'estomac, pénètre donc dans l'intestin grêle et, sous l'influence du *suc pancréatique,* et accessoirement de la *bile,* il subit encore diverses transformations qui achèvent de le rendre *assimilable.*

ASSIMILATION, ABSORPTION (3). — L'assimilation, dont le mécanisme est des plus complexes, est à la fois un phénomène physique et un phénomène vital. D'une façon générale, les liquides et les corps solubles sont absorbés par le sang qui circule dans les villosités de l'intestin; ils prennent la voie de la veine porte, traversent le foie, où certains de ses éléments sont entièrement transformés; de là, ils vont au cœur par la veine cave.

Ce que l'intestin grêle livre au gros intestin n'est plus qu'une matière épaisse destinée à être expulsée : cette matière *(chyme),* privée de ses parties assimilables, est rejetée par l'*anus.*

SÉCRÉTIONS

Le sang qui circule dans l'intérieur du corps ne se co:
tente pas de le nourrir : il abandonne, dans certains organe
particuliers appelés *glandes*, des matières propres à s'y tran
former en *humeurs*. Ce travail d'élaboration s'appelle *sécr*
tion.

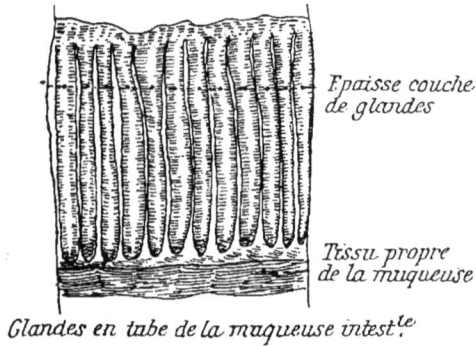

Epaisse couche
de glandes

Glande en grappes.

Tissu propre
de la muqueuse

Glandes en tube de la muqueuse intest.le

FIG. 130. — Glandes en tube.

FIG. 131. — Fragment gros

Toutes les glandes ont une double fonction.

Elles travaillent à l'aide des éléments fournis par le san
et lui rendent certains produits nouveaux (*sécrétion interne*

Elles rejettent au contraire à l'extérieur (*sécrétion externe*
d'autres éléments :

a) Utiles pour certaines fonctions de l'organisme (*sécre*
tion proprement dite);

b) Sans utilité, devant être rejetées (*excrétions*).

Les glandes sont en *tubes* ou en *grappes*.

Les premières sont de petites poches ou tubes très fin
terminés en *ampoules* à une de leurs extrémités et offrant
l'autre un orifice qui vient s'ouvrir à la surface des men
branes.

Les deuxièmes sont constituées par l'agglomération de ces poches ou tubes, communiquant ensemble par de petits canaux qui finissent par confluer en un seul conduit excréteur.

Nous ne nous occuperons dans cette étude que des sécrétions *urinaire*, *sudorale* et *sébacée*, qui nous paraissent les plus utiles à étudier en considération du point de vue spécial auquel nous nous plaçons.

Sécrétion urinaire (fig. 132).

La *sécrétion* de l'urine a pour but de débarrasser l'économie animale de certains matériaux de déchet. Ces matériaux sont tenus en dissolution dans une grande quantité d'eau.

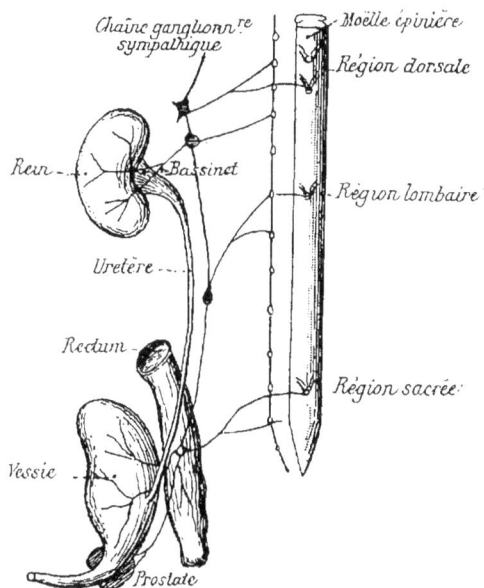

Fig. 132. — Appareil urinaire.

On a établi une distinction de l'urine d'après l'époque à laquelle elle a été excrétée.

Le *rein* d'un individu normal doit rejeter chaque jour une quantité à peu près fixe d'éléments solides (*urine solide*).

Ces éléments sont dissous dans l'eau ; la quantité de liquide émise est très variable suivant certaines circonstances : d'où la concentration plus ou moins grande de la liqueur; cette concentration varie même suivant les périodes de la journée : l'urine du matin est plus chargée que celle que l'on émet après de copieuses libations.

Reins. — Les reins, situés de chaque côté de la colonne vertébrale (*région lombaire*), sont parcourus incessamment par une masse considérable de sang; ce sont des glandes rouge lie-de-vin, ayant la forme d'un haricot.

Chacun des reins est formé de tubes terminés par un renflement ou *glomérule.* Les *glomérules* et les portions de tubes qui leur font suite, très sinueuses, forment une couche à la périphéric de l'organe. La portion terminale des tubes, rectiligne, constitue la zone centrale; ces tubes confluent dans une poche, le *bassinet,* qui se rétrécit à sa sortie du rein en un tube qui est l'*uretère.*

Le rein reçoit le sang d'une artère volumineuse qui se ramifie dans son intérieur en très petites branches qui pénètrent dans les *glomérules* auxquels elles apportent le sang.

L'*uretère* est un canal membraneux qui amène l'urine du rein dans la vessie.

Le mécanisme de l'urination est un phénomène trop complexe pour trouver place dans un résumé aussi succinct; sa description trouvera sa place dans un autre travail.

Qu'il nous suffise de dire que l'urine sécrétée par le rein passe dans l'uretère et tombe goutte à goutte dans la vessie (très dilatable); il s'en accumule ainsi une grande quantité. Quand la distension du réservoir atteint une certaine limite, elle devient une cause d'excitation pour la fibre musculaire, qui alors se contracte et la vessie tend à expulser son contenu. Les fibres musculaires de la membrane vésicale se contractent en même temps que les muscles abdominaux qui pressent sur ce réservoir; le sphincter du col, qui empêchait par sa constriction le liquide de couler, se relâche et l'urine, trouvant une issue dans l'uretère, est projetée avec force au dehors.

L'urine est composée de produits azotés (*acide urique, créatine, créatinine,* surtout *urée*); salins (*chlorure de sodium, phosphate de chaux, phosphates ammoniaco-magnésiens, bases des calculs urinaires*) et surtout d'eau.

L'*urée* est le résidu de la combustion des albuminoïdes dans l'organisme; elle sera d'autant plus abondante que la nourriture sera plus animale; c'est un principe azoté : c'est de tous les produits excrémentiels de l'organisme celui qui élimine le plus d'azote.

Sécrétion sudorale.

Les *glandes sudoripares*, situées sous la peau (tissu graisseux de la couche profonde du derme), sont formées par l'enveloppement d'un tube en cul-de-sac se terminant par un

Glande sudoripare.

FIG. 133. — Enroulement en cul-de-sac.

canal excréteur contourné en spirale qui traverse le derme et l'épiderme.

Il y a environ 800 de ces glandes par centimètre carré de surface (paume de la main) (plante du pied); 100 sur le reste de la peau.

La *sueur* est un liquide formé en grande partie d'eau. L'homme perd en vingt-quatre heures environ 1 kilogramme d'eau par la peau.

La transpiration contribue à maintenir l'équilibre thermique du corps; quand la température normale tend à être dépassée, la peau se couvre de sueur, laquelle par évaporation (*production du froid*, comme dans les alcarazas) absorbe une partie du calorique tendant à s'accumuler dans les organes et permet à l'homme de résister à la grande chaleur résultant souvent d'exercices pénibles ou de la température ambiante.

Sécrétion sébacée.

Les *glandes sébacées* sont en général annexées aux poils : autour des poils elles forment des *culs-de-sac* multiples qu'on peut considérer comme des bourgeons du follicule pileux et qui entourent le collet du poil.

Cuir chevelu (coupe).

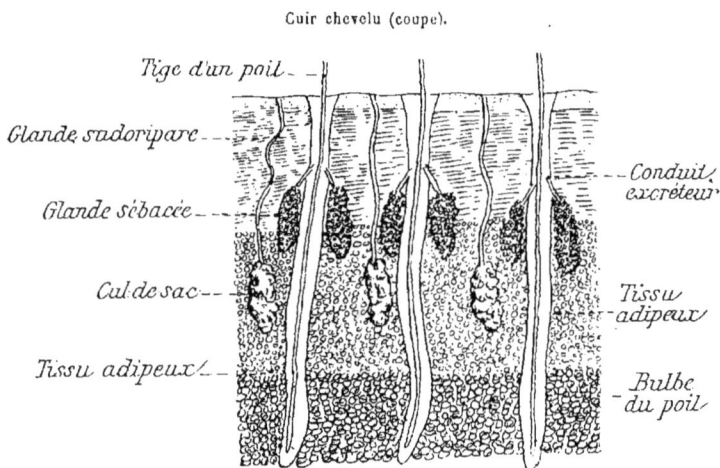

Fig. 134. — Schéma général de la peau.

Ces glandes sont le type le plus simple des glandes en grappe; elles sécrètent une matière grasse, le *sébum*, destinée à lubrifier les poils et la surface de la peau; c'est cet enduit sébacé qui empêche la peau d'être mouillée par l'eau; le *sébum* forme donc un vernis protecteur à la surface de l'épiderme.

RÉSUMÉ DES SÉCRÉTIONS

Le sang qui circule dans l'intérieur du corps ne se contente pas de le *nourrir*, il abandonne, dans certains organes particuliers appelés *glandes*, des matières propres à s'y transformer en *humeurs*. Ce travail d'élaboration se nomme *sécrétion*.

Toutes les glandes ont une double fonction : ou elles rendent au sang un produit nouveau (*sécrétion interne*); ou elles rejettent à l'extérieur certains produits (*sécrétion externe*); ou utiles pour certaines fonctions de l'organisme (*sécrétion proprement dite*) ou inutiles, devant être rejetées (*excrétions*).

Les *glandes* sont en *tubes* ou en *grappes*.

Nous ne nous occuperons que des sécrétions *urinaire, sudorale* et *sébacée*.

SÉCRÉTION URINAIRE. — Débarrasse l'économie animale de certains matériaux de déchet, éléments solides dissous dans de l'eau.

Reins. — Situés de chaque côté de la colonne vertébrale (région lombaire); ils ont la forme d'un haricot. Chacun d'eux est formé de tubes terminés par un *renflement;* ces *renflements* et les portions de tube qui leur font suite, très sinueuses, forment une couche à la périphérie de l'organe. Ces tubes confluent dans le *bassinet,* poche qui se rétrécit à sa sortie du rein en un tube dit *uretère.*

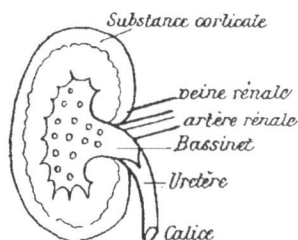

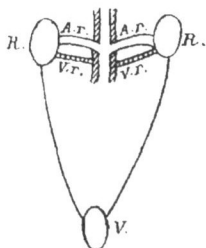

Rein (schéma).   Schéma de l'appareil urinaire.

Le *rein* reçoit le sang d'une artère volumineuse qui se ramifie dans son intérieur en très petites branches qui pénètrent dans les *renflements* ou *glomérules* auxquelles elles apportent le sang.

L'*uretère* est un canal membraneux qui amène l'urine du rein dans la vessie.

Le *mécanisme de l'urination* est très complexe. Qu'il nous suffise de savoir que l'urine sécrétée par le rein passe dans l'uretère et tombe goutte à goutte dans la vessie, très dilatable; il s'accumule ainsi une grande quantité. Quand la distension du réservoir atteint une certaine limite, elle devient une cause d'excitation pour la fibre musculaire qui, alors, se contracte et la vessie tend à expulser son contenu.

SÉCRÉTION SUDORALE. — Les *glandes sudoripares* situées sous la peau sont formées par l'enroulement d'un tube en cul-de-sac se terminant par un canal excréteur contourné en spirale, traversant le derme et l'épiderme.

La *sueur* est un liquide formé en grande partie d'eau. — La *transpiration* contribue à maintenir l'équilibre thermique du corps; elle joue le rôle de l'*alcarazas* et permet à l'homme de résister à la grande chaleur résultant souvent d'exercices pénibles ou de la température ambiante.

SÉCRÉTION SÉBACÉE. — Les *glandes sébacées* sont, en général, annexées aux poils, autour des poils elles forment des culs-de-sac qui entourent le collet du poil

Elles sécrètent du *sébum,* matière grasse destinée à lubrifier les poils et la surface de la peau; il forme une sorte de vernis protecteur à la surface de l'épiderme, empêchant la peau d'être mouillée par l'eau.

DE LA PEAU

La *peau* est l'enveloppe extérieure du corps; elle est très
résistante et jouit d'une grande élasticité.

Ses fonctions sont multiples : elle est tout à la fois un
organe de protection, de tact, de sécrétion, de respiration
et d'absorption.

Peau.

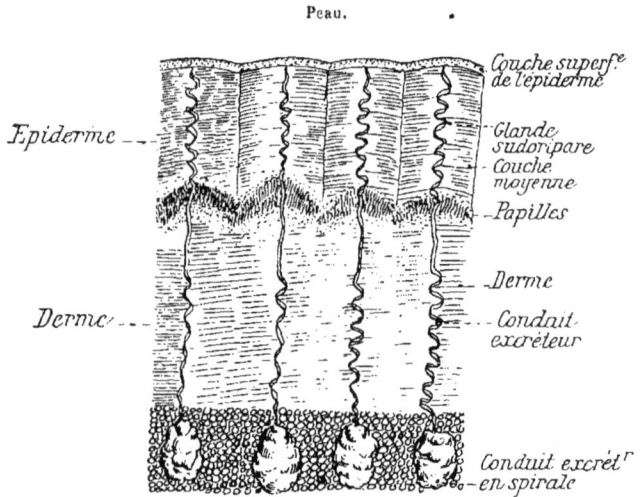

FIG. 135. — Coupe de la peau.

Elle se compose de deux formations bien différentes, de
dedans en dehors : le *derme* et l'*épiderme*.

Le *derme* est la partie la plus profonde de la peau; sa face
inférieure repose sur du tissu cellulaire; la supérieure présente des aspérités coniques plus ou moins prononcées, visibles à travers l'épiderme qui engaine leur sommet : ce sont
les *papilles* dont un grand nombre contient des organes du
toucher.

L'*épiderme* est la partie externe, superficielle (le vernis
isolant). Les orifices des glandes sudoripares et sébacées

s'ouvrent à sa surface : c'est la couche protectrice; elle s'oppose dans une certaine mesure à la pénétration des liquides extérieurs.

Enfin, comme les poumons, la peau concourrait aussi à la respiration; mais la quantité d'acide carbonique exhalée par cette voie est minime : trente-huit fois moindre que celle du poumon; par contre, la vapeur d'eau s'élève en moyenne à 1 kilogramme en vingt-quatre heures, tandis que la vapeur d'eau pulmonaire n'est que de 300 grammes environ.

Cette évaporation insensible, qu'il ne faut pas confondre avec la sueur, est sujette à des fluctuations considérables, suivant la température et l'état hygrométrique de l'air.

RÉSUMÉ DE LA PEAU

La *peau* est l'enveloppe extérieure du corps; elle est très résistante et jouit d'une grande élasticité.

Elle est à la fois organe de *protection*, de *tact*, de *sécrétion*, de *respiration* et d'*absorption*.

Elle se compose de *derme* et d'*épiderme*.

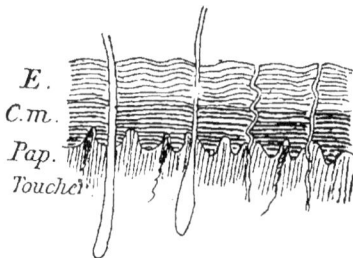

Schéma de la peau.

Le *derme* est la partie la plus profonde de la peau; sa face supérieure présente des aspérités coniques; ce sont les *papilles*, dont un grand nombre contient des organes du toucher.

L'*épiderme* est la partie externe, superficielle; c'est la couche protectrice.

Enfin, comme les poumons, la peau, d'après certains auteurs (Mathias Duval) jouerait un certain rôle dans la respiration, mais la quantité d'acide carbonique exhalée par cette voie serait minime. Le rôle de la peau dans la respiration nous est encore démontré (Mathias Duval) par un grand nombre de pratiques médicales qui consistent, entre autres, à rappeler et à exciter les mouvements respiratoires par des irritants portés sur la peau (frictions, affusions d'eau froide, cautérisations, etc.).

PLANCHES

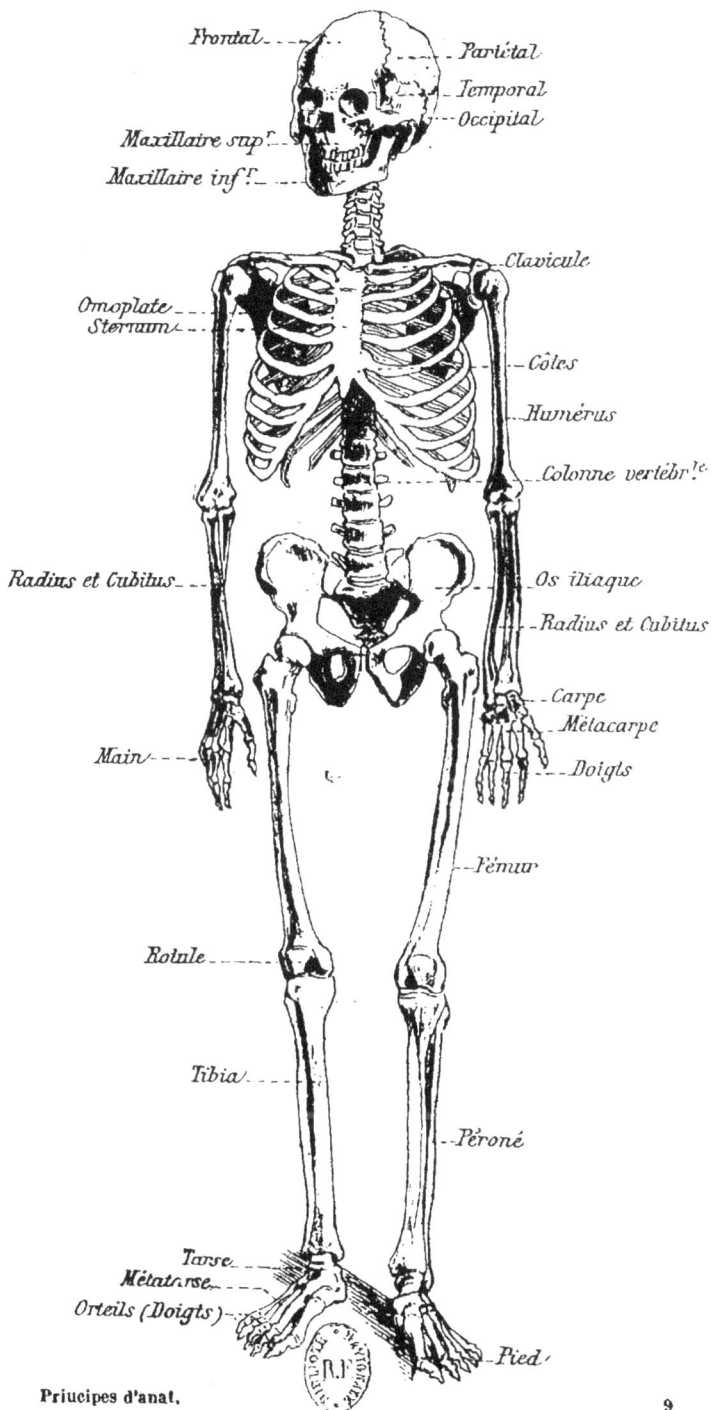

Pl. I.

Squelette.

Frontal

Pariétal

Temporal

Occipital

Maxillaire sup.

Maxillaire inf.

Clavicule

Omoplate
Sternum

Côtes

Humérus

Colonne vertébr.le

Radius et Cubitus

Os iliaque

Radius et Cubitus

Carpe

Métacarpe

Main

Doigts

Fémur

Rotule

Tibia

Péroné

Tarse

Métatarse

Orteils (Doigts)

Pied

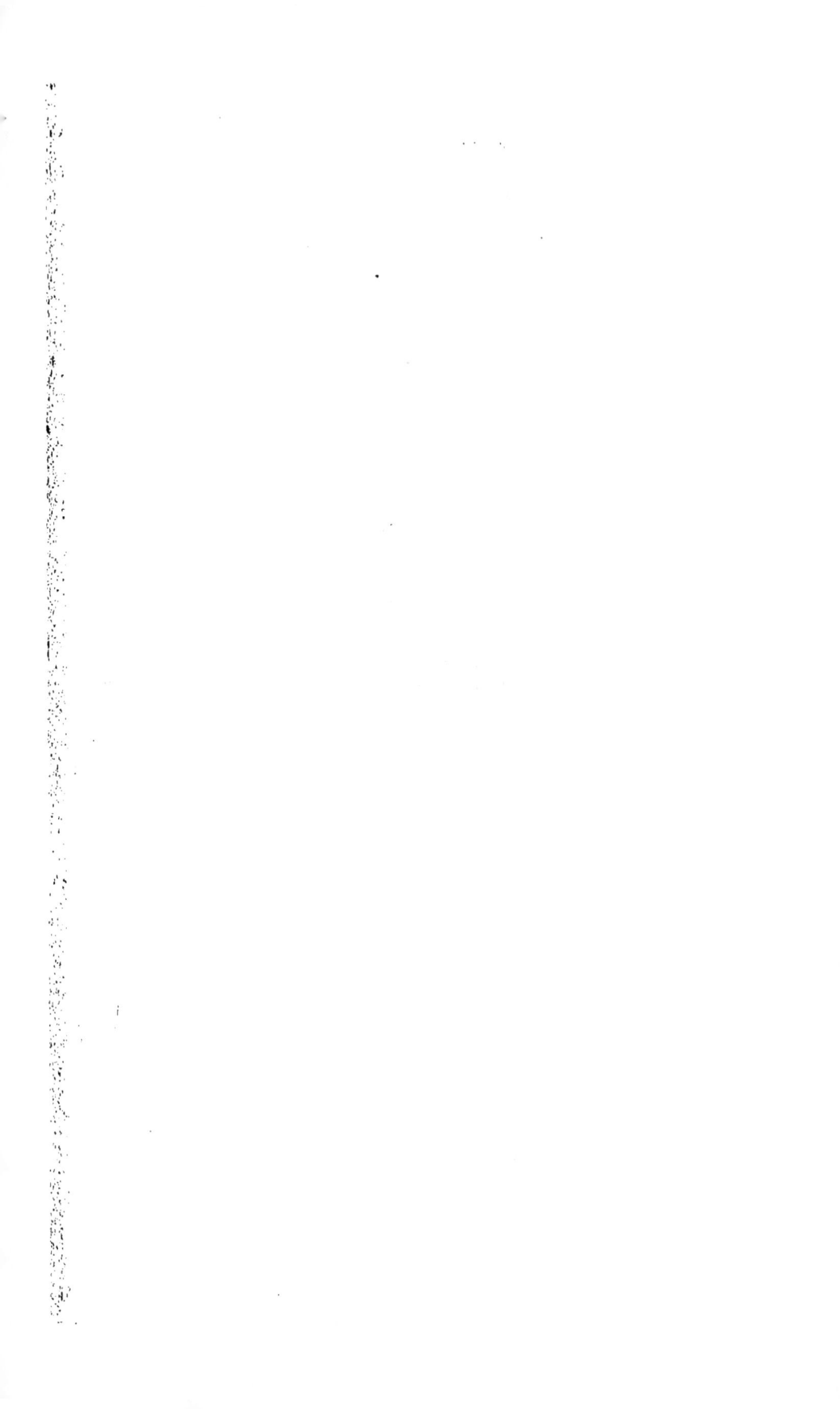

Pl. II.

Muscles du corps humain.

Couche superficielle.   *Couches profondes.*

Sourcilier
Gr.oblique de l'œil
Temporal
Pet.°oblique de l'œil
Élévateur de la lèvre sup.re
Canin
Buccinateur
Orbiculaire des lèvres
Carré du menton
Droit du cou
Scalènes
Angulaire
Scapulo-hyoïdien
Sous-clavier
Tendons du biceps
Sous-scapulaire
Coraco-brachial
Deltoïde
Triceps
Brachial anter.t
Court supinateur
1.er Radial externe
Long fléchisseur du pouce
Carré pronateur
Court abducteur du pouce
Tendons du flechiss.t superficiel
Moyen adducteur
3.e adducteur
Vaste externe
Vaste interne
Poplité
Plantaire grêle
Jambier antérieur
Tendon du jambier postérieur
Adducteur du gros orteil

Frontal
Orbiculaire des paupières
Auriculaire
Élévateur commun
Petit zygomatique
Grand zygomatique
Masseter
Triangulaire du menton
Sterno-cleido mastoïdien
Sterno-hyoïdien
Trapèze
Scapulo-hyoïdien
Deltoïde
Gr.denielé
Biceps
Long supinateur
Rond pronateur
1.er Radial
2.e Radial
Court extenseur du pouce
Ligament du carpe
Long extenseur du pouce
1.er interosseux dorsal
Tendons extenseurs
Couturier
Droit antérieur
Vaste interne
Vaste externe
Soléaire
Long péronier latéral
Jambier antérieur
Extenseur commun des orteils
Extenseur du gros orteil
Péronier anter.t
Pédieux
Interosseux

Grand pectoral
Petit pectoral
Droit de l'abdomen
Grand oblique
Transverse
Petit oblique
Palmaire grêle
Long fléchiss.t superficiel
Long abduct.t du pouce
Long fléchiss.t profond
Moyen fessier
Pyramidal
Iliaque
Psoas
Pectiné
Abduct.t du pet.doigt
Court flech.t du pet.doigt
Lombricaux
Tendons du flech.t profond
Droit interne
Demi tendineux
Demi membraneux
Couturier
Jumeau interne
Soléaire
Tendon d'Achille
Long fléchiss.t commun
Fléchisseur du gros orteil

(Face.)

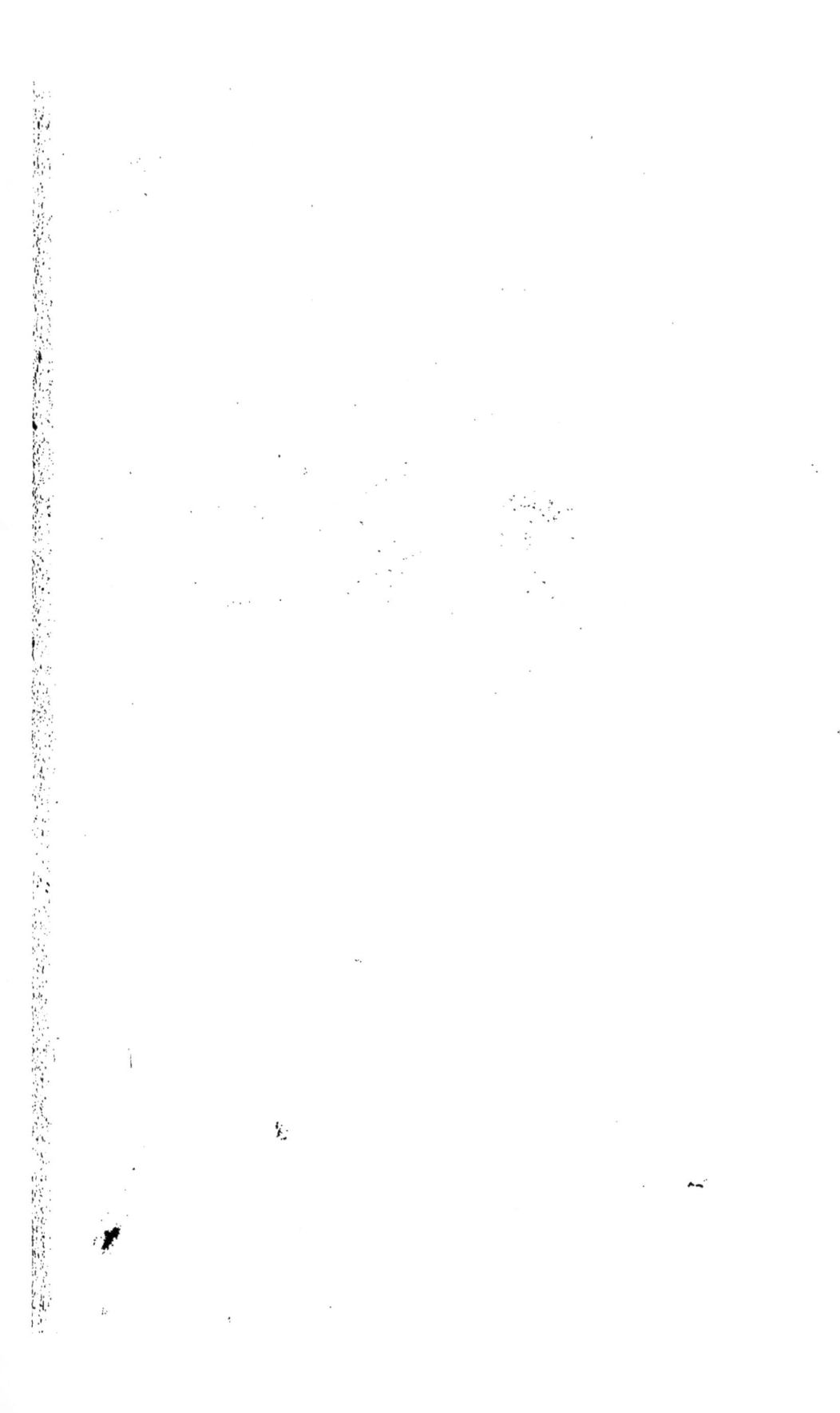

Pl. III.

Muscles du corps humain.

Couches profondes.   Couche superficielle.

Auriculaire

Masséter

Transversaire

Angulaire
Sus-épineux

Sous-épineux
Petit rond

Long dorsal
Grand rond
Sacro lombaire
Grand dentelé
Brachial
Triceps

Anconé

Court supinateur
2.º radial externe

Court extenseur
du pouce
Long extenseur
du pouce
Long abducteur
du pouce

Adducteur
du p.º doigt
Interosseux
dorsaux

Tendons
de l'extenseur commun

Grand adducteur

Vaste externe

Biceps fémoral

Plantaire grêle

Soléaire

Long péronier
latéral

Péronier
antérieur

Pédieux

Occipital

Grand complexus

Splénius

Dentelé supérieur

Trapèze

Deltoïde

Rhomboïde

Dentelé
postérieur

Grand dorsal

Long supinateur
1.º radial externe
Extenseur commun

Anconé

Cubital postér.

Extens.: du p.ºⁱ doigt
Cubital antér.
Palmaire

Adduct.: du p.ºⁱ doigt
Court abducteur
du pouce

Adducteur
du pouce

Demi-tendineux

Vaste externe

Biceps fémoral

Demi-membraneux

Jumeau externe

Soléaire

Long péronier
latéral

Court péronier
latéral

Abducteur
du petit orteil

Tendon
d'Achille

Court péronier
latéral

Poplité
Jumeau
interne

Droit
interne

Vaste externe

Grand
fessier

Moyen
fessier

Petit
fessier

Tibial
post.:

Cubital
ant.:

Tendon
du cubital
postér.:

Tendon
de l'extens.:
du p.º doigt

Carré
crural

Extens.:
de l'index

(Dos).

Pl. IV.

Système nerveux.

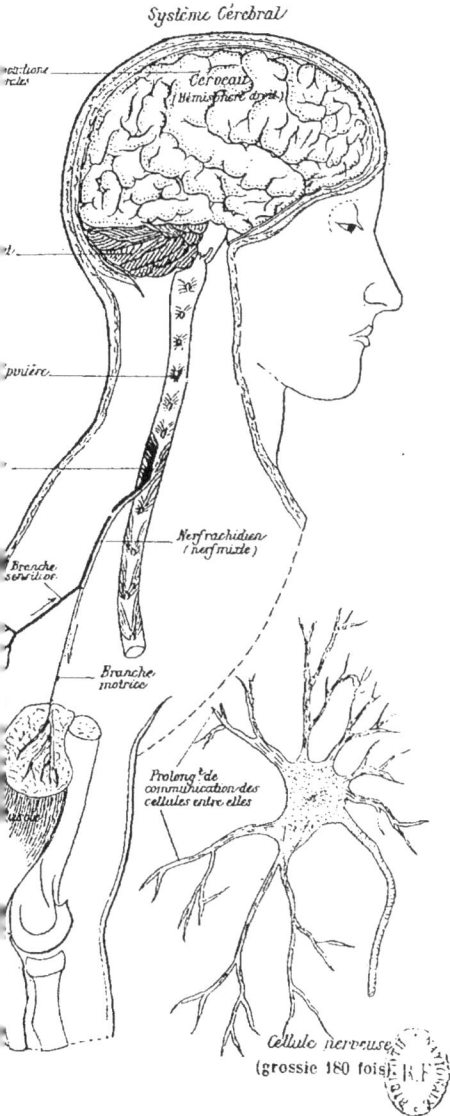

Système Cérébral

Cerveau
(Hémisphère droit)

Nerf rachidien
(nerf mixte)

Branche
sensitive

Branche
motrice

Prolong.t de
communication des
cellules entre elles

Cellule nerveuse
(grossie 180 fois)

Coupe horizontale du cerveau.
Scissure interhémisphérique.

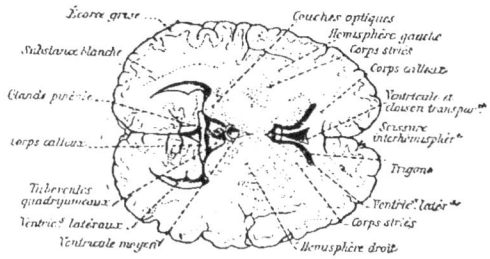

Écorce grise — Couches optiques — Hémisphère gauche — Corps striés — Corps calleux — Ventricule et clouson transp.te — Scissure interhémisphér.e — Trigone — Ventric.e latér.x — Corps striés — Hémisphère droit

Substance blanche — Glande pinéale — corps calleux — Tubercules quadrijumeaux — Ventric.s latéraux — Ventricule moyen

Coupe verticale du cerveau.

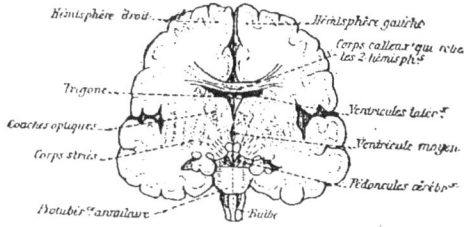

Hémisphère droit — Hémisphère gauche — Corps calleux qui relie les 2 hémisph.es — Ventricules later.x — Ventricule moyen — Pédoncules cérébr.x — Bulbe

Trigone — Couches optiques — Corps striés — Protubér.ce annulaire

Coupe horizontale de la moelle épinière et de ses enveloppes (grossie une fois 1/2).

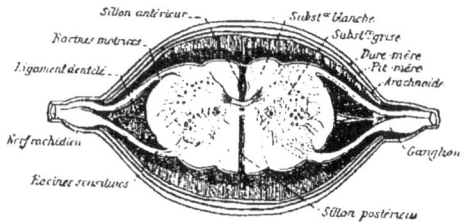

Sillon antérieur — Subst.ce blanche — Subst.ce grise — Dure-mère — Pie-mère — Arachnoïde — Ganglion — Sillon postérieur

Racines motrices — Ligament dentelé — Nerf rachidien — Racines sensitives

Fibre nerveuse (grossie 450 fois).

Système nerveux.

Ensemble du système nerveux.

Système nerveux central.

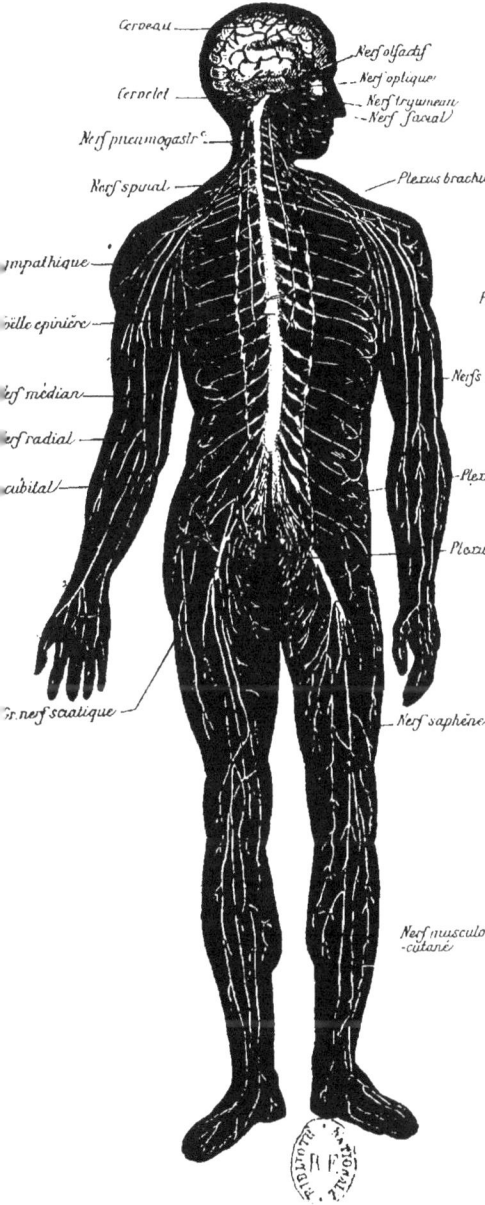

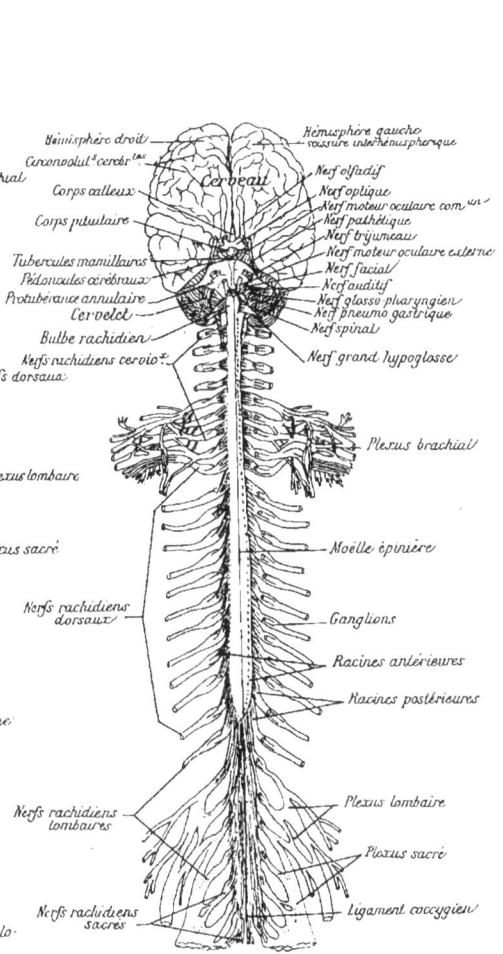

Cerveau
Cervelet
Nerf pneumogastr.
Nerf spinal
ympathique
ielle épinière
ef médian
ef radial
cubital
Gr. nerf sciatique

Nerf olfactif
Nerf optique
Nerf trijumeau
Nerf facial
Plexus brachial
Plexus lombaire
Plexus sacré
Nerfs rachidiens dorsaux
Nerf saphène
Nerfs rachidiens lombaires
Nerf musculo-cutané

Hémisphère droit
Circonvolut.d cérébr.les
Corps calleux
Corps pituitaire
Tubercules mamillaires
Pédoncules cérébraux
Protubérance annulaire
Cervelet
Bulbe rachidien
Nerfs rachidiens cervic.x
Nerfs dorsaux

Hémisphère gauche
voussure interhémisphérique
Cerveau
Nerf olfactif
Nerf optique
Nerf moteur oculaire com. un
Nerf pathétique
Nerf trijumeau
Nerf moteur oculaire externe
Nerf facial
Nerf auditif
Nerf glosso pharyngien
Nerf pneumo gastrique
Nerf spinal
Nerf grand hypoglosse
Plexus brachial
Moëlle épinière
Ganglions
Racines antérieures
Racines postérieures
Plexus lombaire
Plexus sacré
Ligament coccygien
Nerfs rachidiens sacrés

Pl. VI.

Organes de la digestion.

Glandes salivaires ; elles
secrètent la salive qui
imprègne les aliments
pendant la mastication

Pharynx

Larynx

Esophage
réduit les aliments
à l'estomac

Foie ou se forme la bile

Canal Cystique
bile

Canal hépatique
Veine porte
Cardia
Artère
hépatique

Estomac

Gros intestin

Intestin grêle

cæcale, qui
matières de
l'intestin grêle

Appendice cæcal

Rectum

Incisive   Canine   Molaire

Couronne   Cour

Collet

Racines   Racine

Dents

Coupe
à travers les parois de l'intestin grêle
(grossie 20 fois)

Villosités intestinales

Chylifère
central
Epithélium

Folliculo
clos

Vaisseaux
chylifères

Couche
muqueuse

Glandes

Tissu
conjonctif

Veines

Couches
musculaires

Artères

Péritoine

Nerfs

Glandes de l'Estomac
(grossies 30 fois)

Embouchures

Conduit
excréteur

Glandes à pepsine
(elles sécrètent le suc gastrique)

Glandes muqueuses
(elles sécrètent un liquide lubréfiant
ou mucés)

Pl. VII.

Circulation du sang.

Cœur vu de face (Coupe)

Cœur (face postérieure)

Aorte

Veine-cave supérieure

de la veine re

Veines pulmonaires

Veine cave inf.re

Oreillette droite

Oreillette gauche
Ouverture de l'aorte
Ouvert.t de l'artère pulmonaire

flaer les

Ventricule gauche

Vaisseaux nour- riciers du cœur

Ventricule droit

vil

pulmonaire

Poumons

Cœur

Veine pulmonaire

elle droite

Oreillette gauche

le droit

Ventricule gauche
Artère aorte

Vaisseaux ch...

Veine porte

Foie

Intestins

es caves

Extrémités du corps

Figure montrant la théorie de la circulation du sang
(les flèches indiquent la direction suivie par le sang)

Main montrant les artères (en rouge)
les veines (en noir)

10.

Pl. VIII.

Ensemble de la circulation du sang.

Artères et veines du crâne

Artères et veines temporales

Artères et veines ophtalmiques

Veine faciale

Artère faciale

Veine jugulaire externe

Veine jugulaire interne

Artère carotide

Veine jugulaire antér.re

Artère s.t claviève

Veine s. clavière

Veine cave sup.re

Veine axillaire

Crosse de l'aorte

Veines pulmonaires

Artère pulmonaire

Oreillette droite

Oreillette gauche

Ventricule droit

Ventricule gauche

Veine humérale

Veine basilique

Veines sus hépatiques

Veine céphalique

Artère humérale

Veine cave inférieure

Tronc cœliaque { origine des artères du foie, de l'estomac et de la rate

Veine porte

Artère aorte

Artère et veines rénales

Art.e épanes mésentérique

Veine radiale externe

Artère radiale et ses veines satellites

Art.e aorte infér.re

Art.e iliaque externe

Artère cubitale et ses veines satellites

Art.e et veine iliaques internes

Artère et veine interosseuses

Veine radiale externe

Veine iliaque

Artère palmaire

Artère palmaire profonde

Art.e muscul.e superficielle

Artère et veines digitales

Artère fémorale profonde

Artère fémorale

Veine fémorale profonde

Veine fémorale

Artères perforantes

Gr veine saphène interne

Artère tibiale ant.re et ses veines satellites

Veine saphène post.re

Artère péronnière et ses veines satellites

Artère tibiale post.e et ses veines satellites

Artère tibiale postérieure

Artère pédieuse et ses veines satellites

Veine dorsale du pied

Artère métatarsienne

Pl. IX.

Coupe du corps humain.

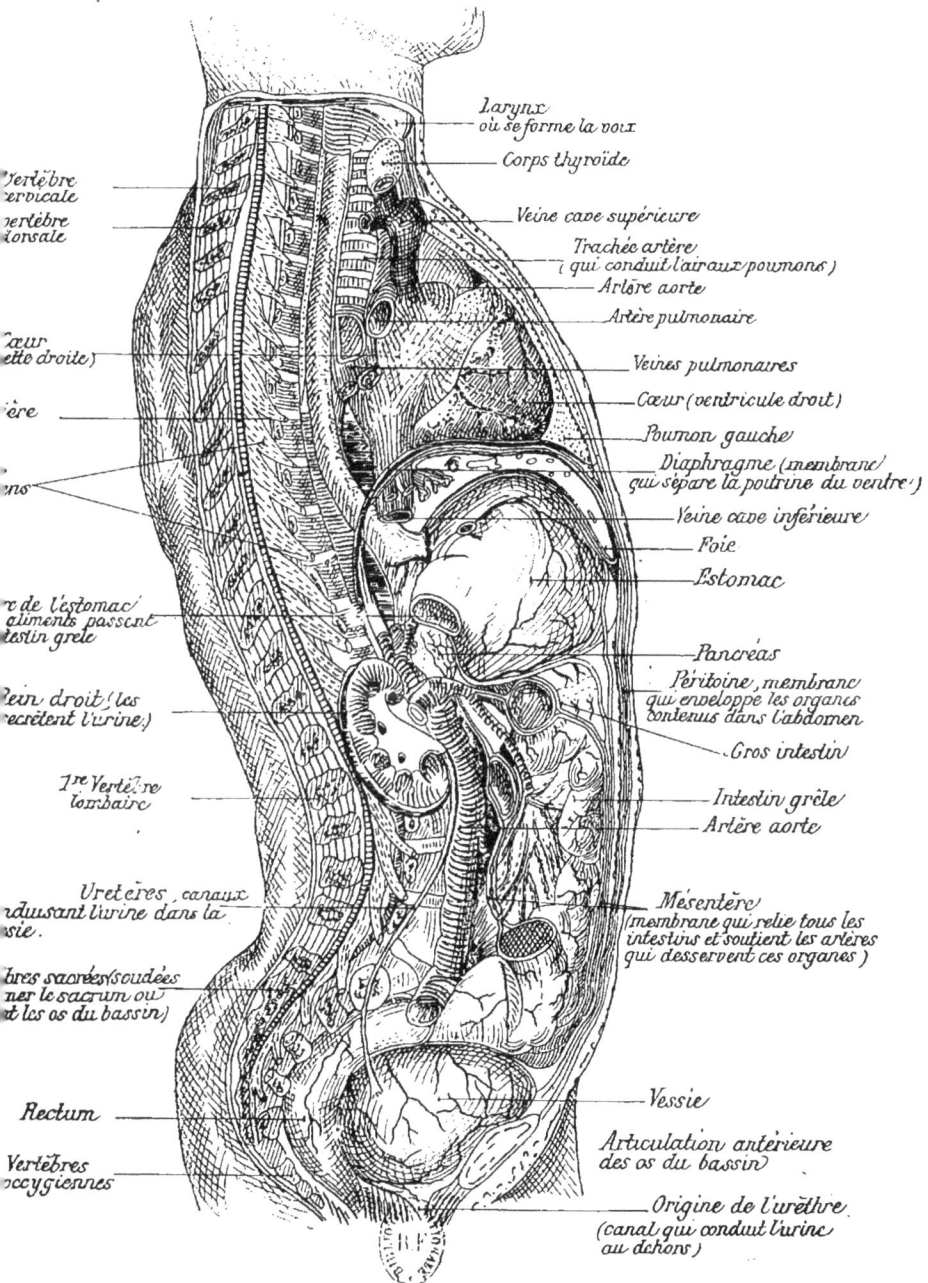

Larynx
où se forme la voix

Corps thyroïde

Vertèbre cervicale

Vertèbre dorsale

Veine cave supérieure

Trachée artère
(qui conduit l'air aux poumons)

Artère aorte

Artère pulmonaire

Cœur
(ette droite)

Veines pulmonaires

Cœur (ventricule droit)

Poumon gauche

Diaphragme (membrane
qui sépare la poitrine du ventre)

Veine cave inférieure

Foie

Estomac

r de l'estomac
aliments passent
testin grêle

Pancréas

Péritoine , membrane
qui enveloppe les organes
contenus dans l'abdomen

ein droit (les
ecrètent l'urine)

Gros intestin

1re Vertèbre
lombaire

Intestin grêle

Artère aorte

Uretères , canaux
nduisant l'urine dans la
sie .

Mésentère
(membrane qui relie tous les
intestins et soutient les artères
qui desservent ces organes)

bres sacrées (soudées
ner le sacrum ou
et les os du bassin)

Rectum

Vessie

Articulation antérieure
des os du bassin

Vertèbres
coccygiennes

Origine de l'urèthre
(canal qui conduit l'urine
au dehors)

TABLE DES MATIÈRES

TABLE DES FIGURES

SQUELETTE.

ARTICULATIONS.

Système musculaire.

Système nerveux.

TABLE DES PLANCHES

Paris et Limoges. — Imp. milit. Henri CHARLES-LAVAUZELLE,

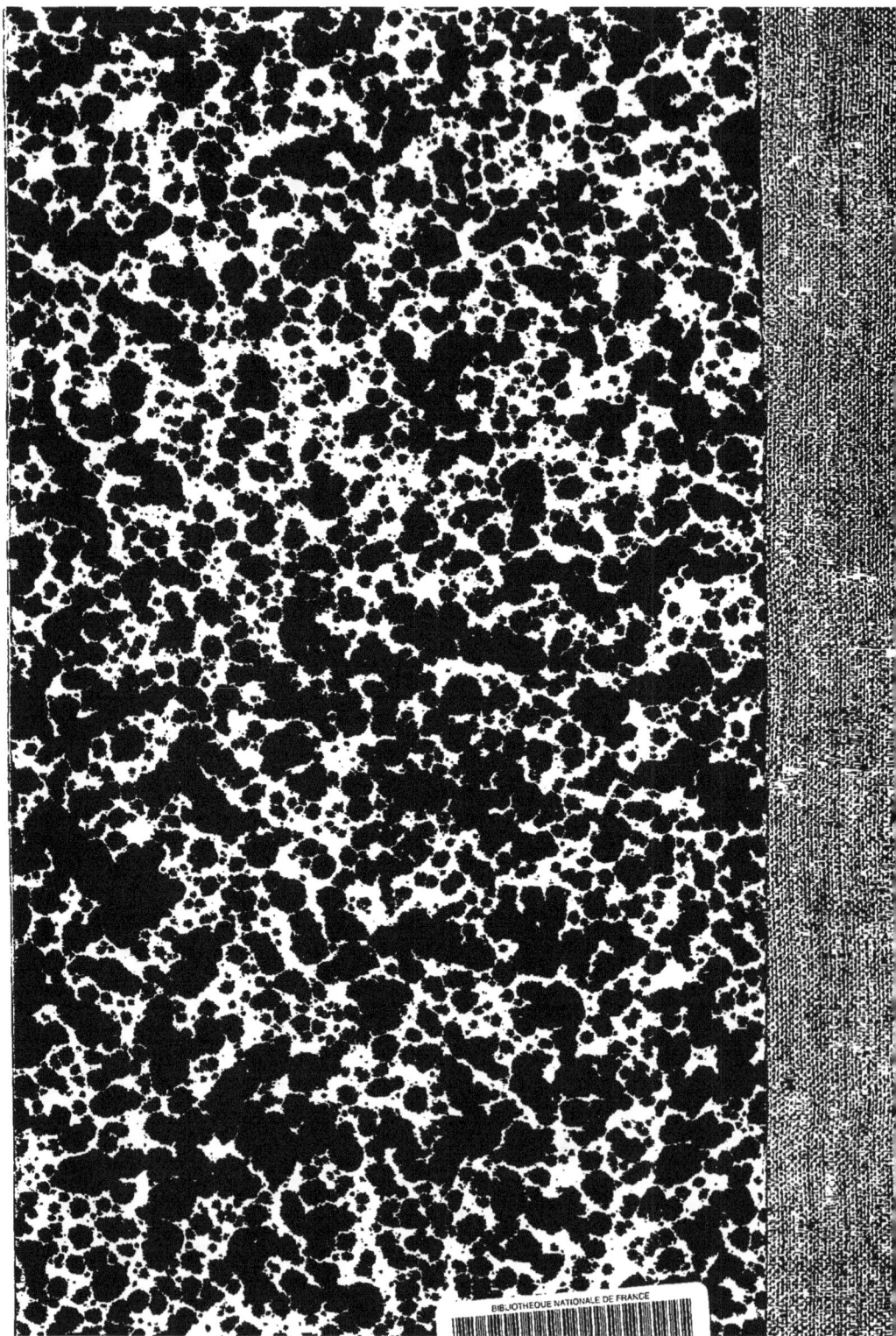

www.ingramcontent.com/pod-product-compliance
Lightning Source LLC
Chambersburg PA
CBHW071850200326
41519CB00016B/4320